琵琶湖のまわりの昆虫

―地域の人びとと探る―

八尋克郎

もくじ

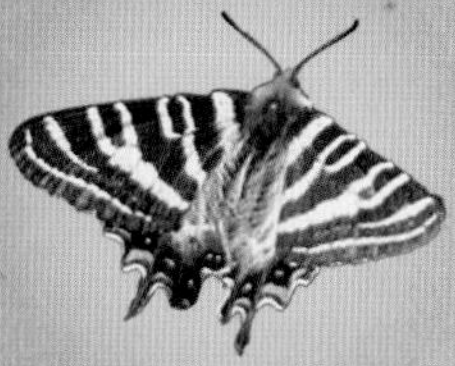

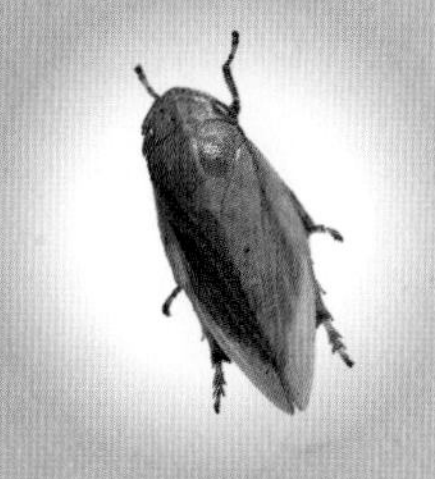

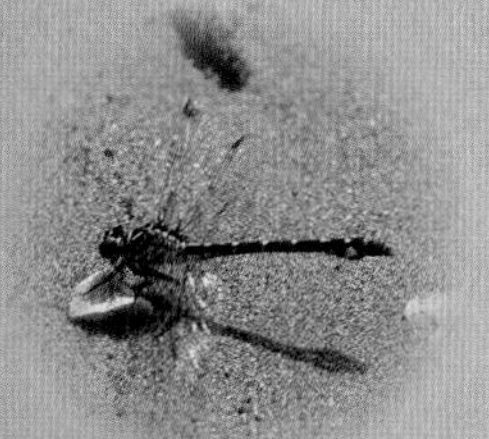

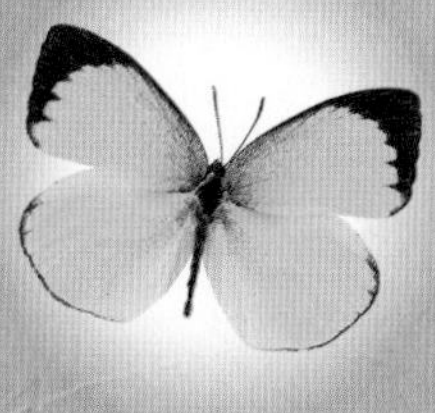

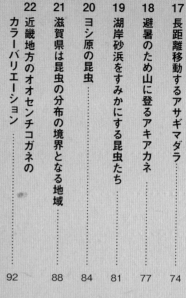

はじめに

小さい頃から、昆虫が好きで近くの雑木林にカブトムシやクワガタムシをとりに行っていた。昆虫図鑑に掲載されているアトラスオオカブトやバイオリンムシの写真に胸躍らせて、いつかはこの昆虫を自分の手で採集したいと思っていた。これが昆虫の研究者になろうと思ったきっかけである。

滋賀県立琵琶湖博物館に就職したのが、１９９６年。開館の年である。二十数年になるが、琵琶湖とそのまわりの昆虫に関してどれだけ明らかにできたのであろうか。昆虫は種数が多いため、琵琶湖とそのまわり、滋賀県という広い地域における昆虫の分布や生態などを解明するためには、地域で長年研究してきた人たちと一緒になって調べていくことが必要となる。「地域の人たちと一緒になって調べる」ことを常に頭に置いて活動してきた。

この本は、私が地域の人たちや他の研究者と一緒になって行った琵琶湖とそのまわりの昆虫に関する研究や、おもしろいと思っている話題をトピック形式で紹介しようという思いで書き進めた。

琵琶湖とそのまわりの昆虫に関する話題をあげていくと、実におもしろい話題が多くあることが分かる。しかも、それらのことについて、私自身伝えきれていないのではないかという思いがあった。また、琵琶湖とそのまわりに関する昆虫を総括的に扱った本があまりないことも書く動機になった。一話読みきりで、どこから読んでもいいようになっている。琵琶湖とそのまわりの昆虫に関して知っているようで、知らない話題を一般の人にも分かりやすく紹介できればと思っている。この本の執筆にあたっては、先人たちの研究業績の上にたっていることを忘れてはいけない。

第1章では、「昆虫を調べる」と題して、地域の人たちと一緒に研究してきた成果を中心に執筆した。琵琶湖とそのまわりの昆虫の分布や生態を明らかにするためには、調査研究が重要であることを分かっていただきたい。第2章の「昆虫の移り変わり」では、過去には生息していたが、現在は絶滅した昆虫、逆に過去にはいなかったが現在は増えている種類など、琵琶湖とそのまわりの昆虫相の移り変わりについてのトピックを紹介した。コラムでは、琵琶湖博物館のまわりで見られるおもしろい生態や奇妙な形の昆虫を紹介した。第3章の「昆虫の分布と暮らし」では、琵琶湖とそのまわりの昆虫の分布や暮らしからこの地域がどのようなところかを紹介したい。第4章の「昆虫と人」では、琵琶湖とそのまわりの昆虫の研究を支えてきた、また今後支えるだろう人たちを紹介し、昆虫と人との関係について執筆した。

大学時代に、昆虫に関するおもしろい話題を集めた『虫のはなし』(梅谷献二編著、技報堂出版)を読んだ。この本は非常におもしろく、食い入るように読んだ記憶がある。『虫のはなし』の琵琶湖版を目指したが、どこまで実現できたかは読者の判断に委ねたいと思う。

この本が、琵琶湖とそのまわりの昆虫の関心を呼び起こし、さらに今後の琵琶湖とそのまわりの昆虫に関する研究の進展につながれば、この本を出版した意味があると思う。

第1章 昆虫を調べる

1 琵琶湖地域に昆虫は何種いるのか？

昆虫は、全動物種の約4分の3を占め、未記載や未発見のものを入れると300万種を超えると言われている。日本からは現在までに3万2000種以上が記録されている。昆虫の多様性の認識にとって重要な基礎資料が昆虫の目録である。しかしながら昆虫は種数が多いため、その地域にどれくらいの種数の昆虫がいるのかを解明するのは非常に困難で、長い時間がかかる。

琵琶湖地域に昆虫が何種いるのかを滋賀県に限って見るとどうなのか。これまで新保・保積（1979）、新保（1991）の滋賀県の昆虫リストがあり、それぞれ2523種、2664種がリストアップされている。しかしながら、それ以降、膨大な種の記録が追加されており、滋賀県に何種の昆虫が生息しているのか分かっていなかった。滋賀県の昆虫の目録作りは、滋賀県在住の昆虫研究家の長年の悲願でもあった。

そのようなことから、滋賀県生きもの総合調査委員会の昆虫類部会で、滋賀県昆虫目録の構想を立てたのが、2015年のことである。滋賀県生きもの総合調査委員会というのは、5年ごとに改訂している滋賀県版レッドデータブックの編集を担当している委員会である。目録は昆虫類部会の委員が中心になって、外部の昆虫類の専門家の協力を得て3年がかりで完成し、滋賀県自然環境保全課のホームページで公開されている。

事務局として目録作りの編集を担当したのが若い委員の中西康介さん、牛島釈広《ときひろ》さんである。この２人の尽力がなければ目録は作成できなかったであろう。目録の種類は、主に過去の文献や個人の調査データ、博物館等の収蔵標本および現地調査を実施し、リストアップしている。

滋賀県昆虫目録にあがっている昆虫は、合計28目４８２科７９１５種である（２０１７年８月７日現在）（表１－１）。調査精度が異なるため単純に種数で比較はできないが、近畿地方のなかでは京都府の７０８３種、奈良県の６４７９種、大阪府の５５６７種を上回る昆虫の種数となった。目録の構成は目別科種数、昆虫の概要、文献、作成担当者に分かれている。目別科種数では、目別にダウンロードできるようになっており、目名、科名、種名（学名）、種名（和名）、滋賀県レッドデータブック２０１５、環境省レッドリスト２０１７、異名、外来種などの特記事項の項目に分かれている。

滋賀県は日本列島のほぼ中央に位置する。滋賀県の中心には古代湖である琵琶湖があり、その周囲には湖岸砂浜、内湖《ないこ》、水田などの平野部、西には比良山地、東には鈴鹿山脈がつながる。このような多様な環境のつながりと地理的な要因によって、県内には多くの種類の昆虫が生息しているのである。

昆虫は種類が多いため、今後調査が進めば滋賀県の昆虫の種数は増加するだろう。目録も更新していく必要がある。公開した目録が、今後の滋賀県の昆虫類の多様性研究と昆虫相の変遷を見ていく基礎資料として活用されることを期待している。

表1-1 滋賀県の昆虫類の目別科種数

滋賀県琵琶湖環境部自然環境保全課（2018）より引用

目名	Order	科数	種数
トビムシ目（粘管目）	Collembola	9	36
コムシ目	Diplura	1	2
イシノミ目	Archaeognatha	1	3
シミ目	Thysanura	1	1
カゲロウ目（蜉蝣目）	Ephemeroptera	12	72
トンボ目（蜻蛉目）	Odonata	12	100
カワゲラ目（襀翅目）	Plecoptera	8	35
バッタ目（直翅目）	Orthoptera	15	126
ナナフシ目（竹節虫目）	Phasmida	2	6
ハサミムシ目（革翅目）	Dermaptera	4	8
ゴキブリ目（網翅目）	Blattaria	3	8
シロアリ目（等翅目）	Isoptera	1	1
カマキリ目（蟷螂目）	Mantodea	2	7
ガロアムシ目	Notoptera	1	1
カジリムシ目（咀顎目）	Psocodea	7	11
カメムシ目（半翅目）	Hemiptera	71	655
アザミウマ目（総翅目）	Thysanoptera	1	1
アミメカゲロウ目（脈翅目）	Neuroptera	10	49
ラクダムシ目	Raphidioptera	1	1
ヘビトンボ目（広翅目）	Megaloptera	2	8
コウチュウ目（鞘翅目）	Coleoptera	106	3,080
ネジレバネ目（撚翅目）	Strepsiptera	2	2
シリアゲムシ目（長翅目）	Mecoptera	2	11
ノミ目	Siphonaptera	1	2
ハエ目（双翅目）	Diptera	68	640
チョウ目（鱗翅目）（ガ類）	Lepidoptera	61	2,031
チョウ目（鱗翅目）（チョウ類）	Lepidoptera	8	128
トビケラ目（毛翅目）	Trichoptera	27	181
ハチ目（膜翅目）	Hymenoptera	43	709
	合計	482	**7,915**

表1-2 **動植物の分類単位**
平嶋・森本・多田内（1989）をもとに作成

カテゴリー		分類単位の例	
Kingdom	界	Animalia	動物界
Phylum	門	Arthropoda	節足動物門
Subphylum	亜門	Mandibulata	大顎亜門
Class	綱	Insecta	昆虫綱
Subclass	亜綱	Pterygota	有翅亜綱
Order	目	Lepidoptera	チョウ（鱗翅）目
Suborder	亜目	Ditrysia	二門亜目
Superfamily	上科	Papilionoidea	アゲハチョウ上科
Family	科	Pieridae	シロチョウ科
Subfamily	亜科	Pierinae	モンシロチョウ亜科
Tribe	族	Pierini	モンシロチョウ族
Subtribe	亜族	Pierina	モンシロチョウ亜族
Genus	属	*Pieris*	モンシロチョウ属
Subgenus	亜属	*Artogeia*	モンシロチョウ亜属
Species	種	*rapae*	モンシロチョウ
Subspecies	亜種	*crucivora*	モンシロチョウ日本亜種

［学名について］
和名：モンシロチョウ
学名：*Pieris rapae crucivora*
学名はラテン語で、（属名）+（種名）+（亜種名）からなる。
学名は２語からなる二名式と３語からなる三名式がある

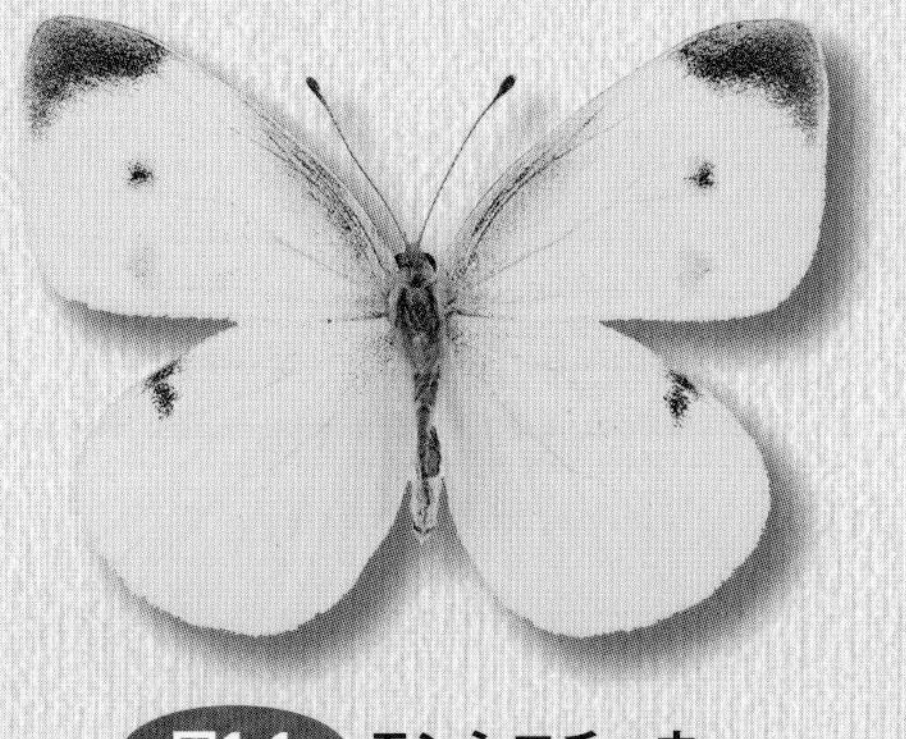

図1-1 **モンシロチョウ**

2 新種の昆虫

あなたが見たことのない昆虫を見つけたとする。新種かもしれない。それを専門家に見てもらい、世界中どこにも発見されていなければ、新種の昆虫として論文発表され、はじめて新種として認められることになる。

滋賀むしの会の武田滋《しげる》さん、中川優さんがニセクビボソムシ科という甲虫の仲間の2新種を滋賀県から見つけた。日本甲虫学会の斎藤昌弘さんによって、２０１５年に新種として記載された。ニセクビボソムシ科は、体長が4㎜以下の甲虫の仲間で、世界から９００種、日本から25種が知られている。食性や生活史など生態はあまり分かっていないが、木の葉の上のほか、枯草の堆積下などで見つかる。２新種のうち1種は大津市園城寺《おんじょうじ》町から見つかった新属新種で、「ヨツモンシガニセクビボソムシ *Shigaderus nakagawayui*」と命名・記載された（図２―１）。属名の *Shigaderus*（シガニセクビボソムシ属）は滋賀県に因《ちな》んだもので、種名の *nakagawayui* は最初の採集者である中川優さんに因んでいる。

もう1種は、*Ariotus*（ナガニセクビボソムシ属）の新種で、「キバネナガニセクビボソムシ *Ariotus takedai*」と命名・記載された（図２―２）。種名の *takedai* は研究協力者の武田滋さんに因んでいる。大津市園城寺町から見つかっている。

本新種のパラタイプ（副模式標本）は、琵琶湖博物館に収蔵されている。タイプ標本というのは、新たに種の学名をつけるため、記載論文中で種の記載の基になった標本のことである。タイプ標本は、標本のなかでも特に貴重なため、収蔵庫の耐火金庫に入れて保管している。

この他に、鈴鹿山地の特産種でスズカクチキウマがある（図2―3）。直翅《ちょくし》（バッタ）目カマドウマ科に属する。滋賀むしの会の高石清治さんが最初に採集し、２０１５年に新種として記載された。このようにまだまだ新種の昆虫は、世界中で発見されている。余談だが、新種を記載する研究者は自分の名前を使って命名することはできない決まりだ。

昆虫は種類が多いため、滋賀県の昆虫相はよく分かっていない。新種の発見は、滋賀県の昆虫相を解明する上で重要な意義がある。そして、新種を見つけるのに、アマチュアの昆虫研究者が大きな役割を果たしている。また、採集した標本のなかから新種が見つかる場合があるので、そういう意味でも標本は重要なのである。

あなたが、何げなくつかまえた昆虫が、「初めて見た」「図鑑に載っていない」と思ったら、ぜひ博物館にもってきてほしい。もしかしたらそれが新種発見になるかもしれない。

図2-1
ヨツモンシガニセクビボソムシ

図2-2
キバネナガニセクビボソムシ

図2-4

ヤヒロミドリトビハムシ

（体長約３㎜）

ハムシの分類学者鈴木邦雄さんが新種を記載。最初の採集者である八尋に因んで命名された。標本は内湖の調査で採集された。

図2-3

スズカクチキウマのパラタイプ標本（♂）

（体長約 25㎜）

（撮影：高石清治）

3 40年以上見つかっていないカワムラナベブタムシ探索物語

新種の昆虫が発見される一方で、過去に琵琶湖に生息していたが、現在は確認できていない謎の昆虫がいる。それはカワムラナベブタムシである（図３―１）。この昆虫はカメムシ目ナベブタムシ科の仲間で、１９１５年に昆虫分類学者である松村松年《しょうねん》によって新種記載された。鍋蓋のような形をしていることからこのグループの和名がついた。カワムラナベブタムシのカワムラは、ホロタイプ標本の採集者で、有名な生物学者川村多実二《たみじ》に献名されたものである。琵琶湖疏水《そすい》の砂礫《されき》底にすみ、プラストロン呼吸（体表面と水の間に薄い空気の層をつくることで水中で呼吸すること）で溶存酸素を利用していると言われている。記載論文によると琵琶湖では、タンスイカイメンの体腔中から見つかっているが、詳しい生態は不明である。琵琶湖水系の固有種とされていたが、韓国にも分布記録があるとされる。

１９６０年代までは、琵琶湖疏水、琵琶湖、瀬田川、賀茂川で確認されていたが、現在はいずれの場所でも見つかっていない。滋賀県レッドデータブック２０１５年版では絶滅危惧種、環境省レッドリストでは絶滅危惧ＩＡ類（ＣＲ）のカテゴリーで選定されている。琵琶湖（特に南湖）での減少は水質の汚染が原因で、琵琶湖疏水での消滅はコンクリート護岸の工事が生息環境を変えてしまったこと、工事中に一時全部の水を干したのが原因と言われている。

滋賀県生きもの総合調査委員会の昆虫類部会で、毎年のようにこの昆虫を探しているがなかなか見つからない。カメムシ目を専門としている大阪市立自然史博物館で元館長をされていた宮武頼夫《よりお》さんと同館主任学芸員の初宿成彦《しやけしげひこ》さんは執念を燃やして調査されていた。２人で手こぎボートに大阪市立自然史博物館で借りた貝曳《かいび》き網を積んで何年かに渡《わた》り探索したという。この２人の執念に引っ張られるかのように昆虫類部会の何人かで２００４年から２００５年、２００８年から２０１５年にかけて琵琶湖において琵琶湖博物館の調査船「うみんど」で貝曳き網などを使って探索したが見つからない（図３―２）。２０１８年には、過去に記録がある琵琶湖疏水（滋賀県側）の近くの川や水路を捜したが、見つからなかった。

　過去にどこに生息していたのかを示す重要な証拠が、標本である。標本はタイプ標本がある北海道大学のほか、大阪市立自然史博物館、大阪府立大学、九州大学にある。琵琶湖博物館には、大阪市立自然史博物館から譲与された標本２個体があり、データラベルは、「Kyoto 疎水 1950. XI. 2」となっている。また、滋賀県立膳所《ぜぜ》高等学校から琵琶湖博物館に寄贈された標本にも2個体見つかっており、そのデータラベルは「1956. 11.17 山科」となっている。

　これまで琵琶湖にこだわり過ぎて調査を行っていたかもしれないので、その反省から詳しい標本調査とともに、来年以降の調査では琵琶湖疏水の京都側の河川、水路を調べようかと話しているところである。40年以上も見つかっていないことから、滋賀県版レッドデータブックのカテゴリーではとっくに絶滅種に入ってもおかしくないのだが、どこかにほそぼそと生き残っているという期待があり、絶滅種には入れられずにいる。

図3-1 **カワムラナベブタムシ**
（体長約７㎜）

図3-2 **琵琶湖での調査の様子**

表3-1 **滋賀県版レッドデータブックのカテゴリーと選定基準**

滋賀県生きもの総合調査委員会編（2016）をもとに作成

カテゴリー	基　準
絶滅危惧種	県内において絶滅の危機に瀕している種
絶滅危機増大種	県内において絶滅の危機が増大している種
希少種	県内において存続基盤が脆弱な種
要注目種	県内において評価するだけの情報が不足している種
分布上重要種	県内において分布上重要な種
その他重要種	全国および近隣府県の状況から県内において注意が必要な種
絶滅種	県内において野生で絶滅したと判断される種

表3-2 **環境省レッドリストのカテゴリーと選定基準**

環境省編（2015）をもとに作成

カテゴリー	基　準
絶滅（EX）	我が国ではすでに絶滅したと考えられる種
野生絶滅（EW）	飼育・栽培下、あるいは自然分布域の明らかに外側で野生化した状態で存続している種
絶滅危惧Ⅰ類（CR ＋ EN）	絶滅の危機に瀕している種
絶滅危惧ⅠA 類（CR）	ごく近い将来における野生での絶滅の危機の危険性が極めて高いもの
絶滅危惧ⅠB 類（EN）	ⅠA類ほどではないが、近い将来における野生での絶滅の危険性が高いもの
絶滅危惧Ⅱ類（VU）	絶滅の危機が増大している種
準絶滅危惧（NT）	現時点での絶滅危険度は小さいが、生息条件の変化によっては「絶滅危惧」に移行する可能性のある種
情報不足（DD）	評価するだけの情報が不足している種
絶滅のおそれのある地域個体群（LP）	地域的に孤立している個体群で、絶滅のおそれが高いもの

4 近江はトンボの宝庫

滋賀県には、101種のトンボが記録されている。このことは、1993年から1994年にかけてトンボ研究会によって実施された滋賀県におけるトンボの詳細な分布調査やそれ以降の調査で明らかになった。トンボ研究会が琵琶湖博物館の開設とも連動してトンボ調査を実施したのは、1993~1994年のことである。調査は、滋賀県全50市町村を対象にしたもので、その後、調査対象を滋賀県下の全メッシュコードに拡大した追加調査を1997年まで行った。他県では、県レベルのトンボ相の調査は多数行われていたが、全市町村レベルまでを対象にした調査はほとんど行われていなかった。全メッシュコードを対象とした詳細な分布調査が行われたのは全国でもはじめての例であった。研究成果は『滋賀県のトンボ』(1998)にまとめられた(図4―1)。

この調査によって、滋賀県には98種のトンボが生息していることが分かったが、その後、アメイロトンボ、スナアカネ、2018年にリュウキュウベニイトトンボが追加され101種となった。日本には約200種のトンボが記録されているので、約半数のトンボが滋賀県から記録されていることになる。この101種という数字は、他府県に比べてトップクラスの数字である。近江はトンボの宝庫なのである。では、なぜトンボの種類が多いのか。

第一の理由は、多様な地形があることである。滋賀県は、中央に琵琶湖、その周辺に平野部が広がり、それを取り囲むように西には比良山系、東には鈴鹿山系が連なっている。滋賀県は、平野部から山地までの多様な地形を含んでいるため、さまざまな環境に適応した多くの種が生息することができる。琵琶湖の周辺には、湖につながる大小多数の河川や水路、内湖、ため池や水田などがある。水辺を生息環境とするトンボにとっては、こうした豊富な水環境があることが棲みやすい第二の理由である。このように、トンボの種類が多いことと、琵琶湖があることとは深く関係している。滋賀県のトンボ相の豊かさは、「水環境の豊かな地域」であることの指標ともなる。

トンボ研究会の研究成果をもとに、滋賀県のトンボの種類の多さを一般の人たちに伝えることを趣旨に、1998年に企画展示「近江はトンボの宝庫」が開催された。メガネサナエの成虫と幼虫の模型は、オス交尾器の形までリアルに再現するなど、かなり精巧にできている。この模型は、他の博物館に貸し出すこともあったが、奥にしまっておくのももったいないという思いがあり、2016年にリニューアルオープンしたC展示室「生き物コレクション」で展示することにした（図4―4）。インパクトがあるためか、人目を引いている。ここだけの話であるが、幼虫模型の下唇は伸びるようになっている。フロアトークや展示交流員による展示交流の時に下唇を伸ばすと驚かれる方も多い。

滋賀県にトンボの種類が多いことは、いろんな機会で伝えているが、まだ伝えきれていない部分もある。今後も滋賀県のトンボ相の豊富さ、それは琵琶湖の存在と大きな関係があること、滋賀県民にとって誇るべきことであることを伝えていきたい。

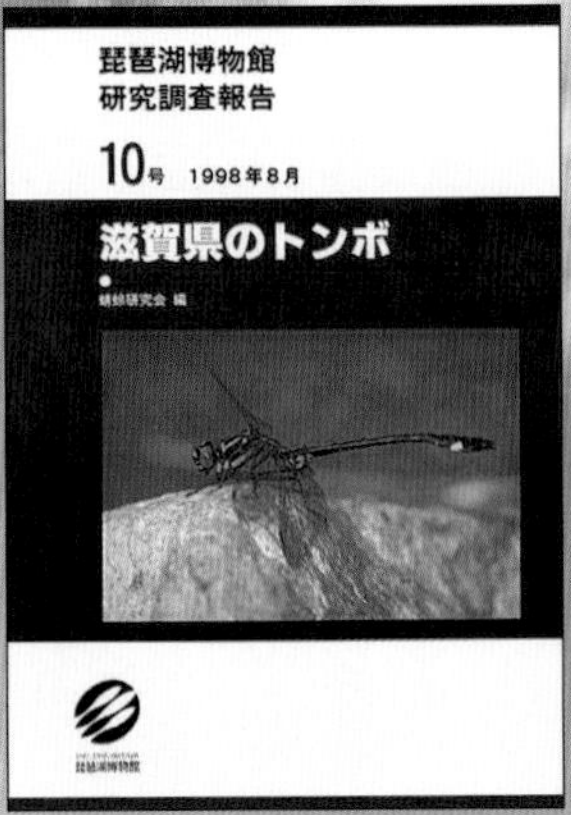

図4-1 琵琶湖博物館研究調査報告第10号『滋賀県のトンボ』(1998)

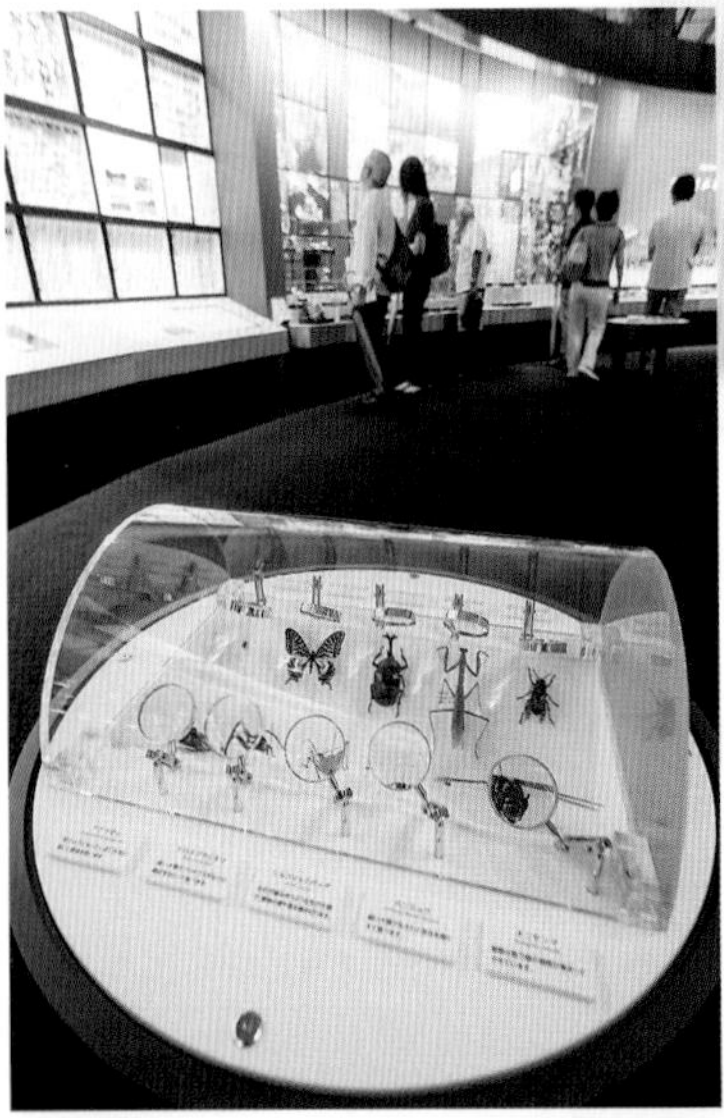

(左写真の撮影：辻村耕司)

図4-4 C展示室生き物コレクション昆虫コーナー
メガネサナエの成虫と幼虫の模型

図4-2 琵琶湖を代表するトンボ　メガネサナエ
（撮影：澤田弘行）

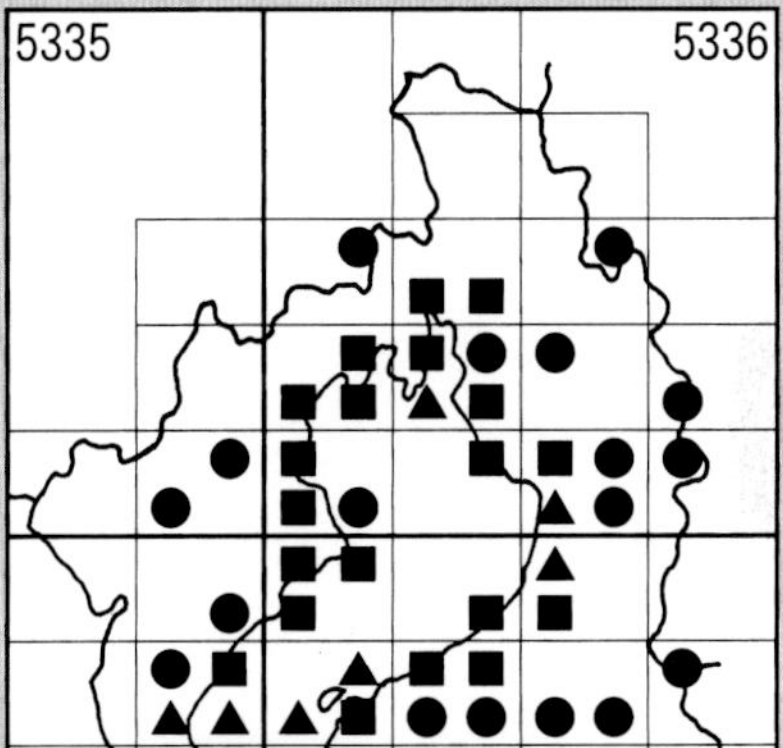

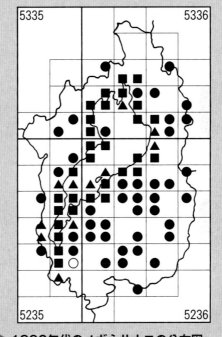

図4-3 1990年代のメガネサナエの分布図
●：成虫、▲：幼虫・殻、■：成虫＆幼虫・殻、○：文献データ
吉田ら（1998）より引用

5 地域の人たちとの共同研究 ―滋賀県のオサムシの分布調査―

私が琵琶湖博物館に就職したのは1996年。長い準備期間を経て琵琶湖博物館が開館した年である。私が博物館に赴任してまず取り組んだのは、地域で昆虫に関して活動している人たちと情報交換することであった。地域で活動してきた人たちは、長年、その地域の昆虫を調べてきており、私よりずっと知識が豊富で、むしろ学ぶべきことが多い。私が研究目標にしていた滋賀県の昆虫相の解明のために最も重要なことであると考えた。

開館してまもない頃、頻繁に博物館に出入りしていた「滋賀むしの会」会員がいた。大津市の堅田でガソリンスタンドを経営している藤本勝行《かつゆき》さんである。藤本さんは全国組織のトンボ研究会の会員で、ちょうどその会が琵琶湖博物館と共同で実施した「滋賀県のトンボ」の分布調査を終えたところであった。藤本さんは日本に分布するトンボをほぼ全種採集して、次に熱中できる昆虫を探していたところであった。かなり個性の強い人であったが、幸いにも気にいられ、2人で何の昆虫を調べようかと話をしているうちに、オサムシがおもしろいということになった。

では、なぜオサムシだったのか。それは昆虫の最大の特徴と言える「飛ぶ」ことをやめた昆虫だからである。オサムシは後翅《こうし》が退化し、飛ぶことが出来《でき》ない。もっぱら地表面を歩く甲虫である。そのため、地理的変異が大きく、さまざまな分布の障壁がある滋賀県においては特に新しい発見があるに違いないと思ったのである。こうして発足したのが、滋賀オサムシ研究会

図5-1 滋賀オサムシ研究会の人たち
（イラスト：杉野由佳）

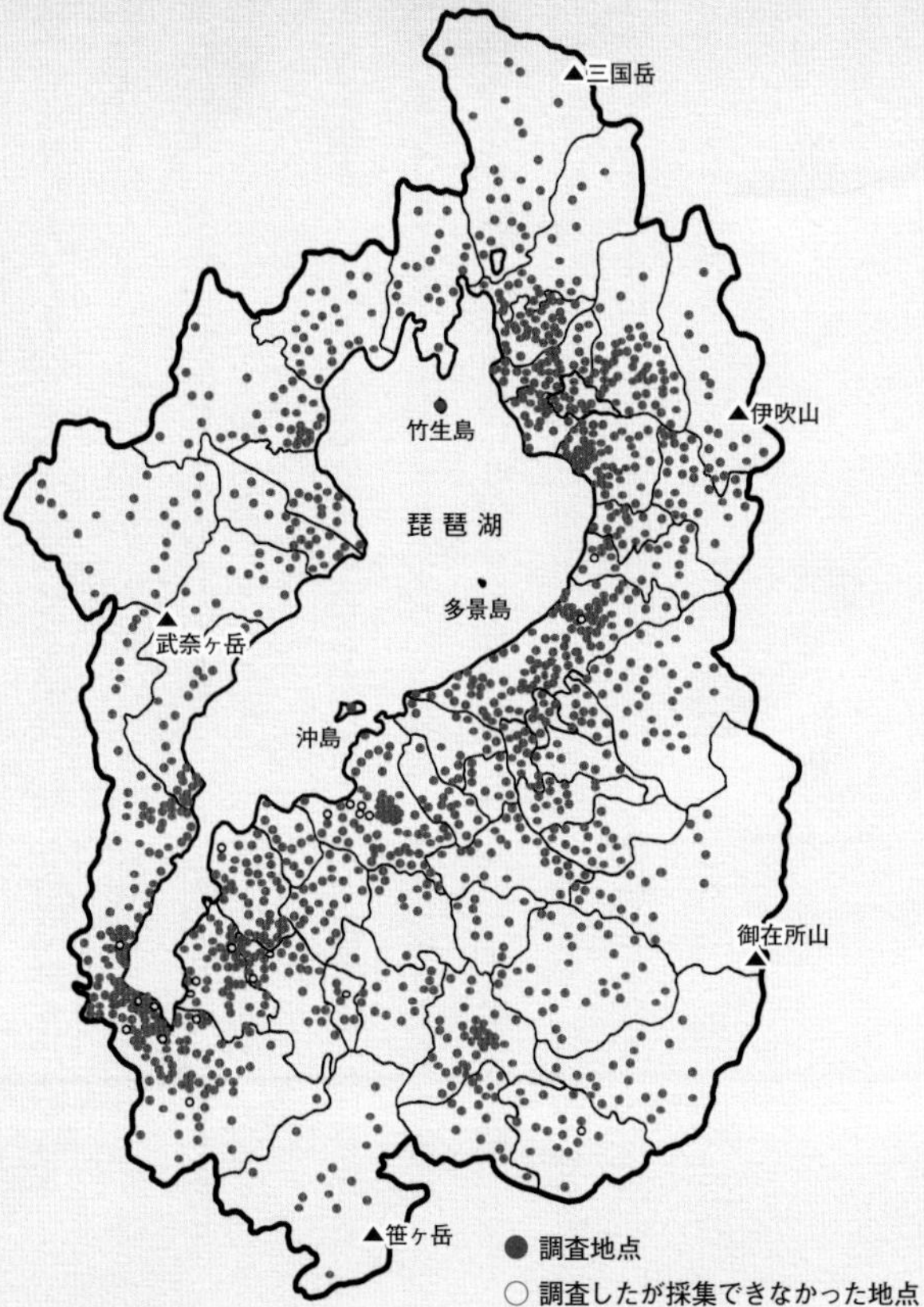

図5-2 滋賀県のオサムシの分布の調査地点
八尋（2005）より引用

である。

藤本さんの声かけで集まった7人の強者は、当時高校教諭、会社員など他に本業を持っているアマチュアの昆虫研究者たちであった（図5―1）。開館した1996年から2000年の4年間、琵琶湖博物館の共同研究「滋賀県のオサムシの分布」を実施し、精力的に調査していった。詳しさでは、滋賀県のトンボ調査を超えることを目標にした結果、その調査地点は1977地点にのぼった（図5―2）。滋賀県のすべての市町村大字までを網羅した他に類のない調査であった。

この調査で、滋賀県に13種のオサムシが分布することが明らかになった（図5―3）。そのうち、クロカタビロオサムシ、セアカオサムシ、アキオサムシの3種は、滋賀県から初めて見つかった種であった。また、13種のオサムシは、種ごとに分布様式が異なり、①広域分布型、②河川敷分布型、③ブナ林分布型、④県の一部の地域分布型の大きく4つの分布様式に類別されることが分かった（図5―4）。この調査によって、滋賀県のオサムシの分布状況が詳しく体系的に明らかになったのである。これら調査研究の成果は学術雑誌に掲載され、琵琶湖博物館の研究調査報告書にもまとめられた（図5―5）。

この研究を基礎にした企画展示「歩く宝石オサムシ―飛ばない昆虫のふしぎ発見―」を2005年に開催した（図5―6）。実物標本を多く展示するとともに、子どもたちが楽しく展示を体験できるような展示手法を用いるなどさまざまな工夫を凝らした。そのような仕掛けが実を結んだこともあり、幸いにも8万人を超える来場者があった。

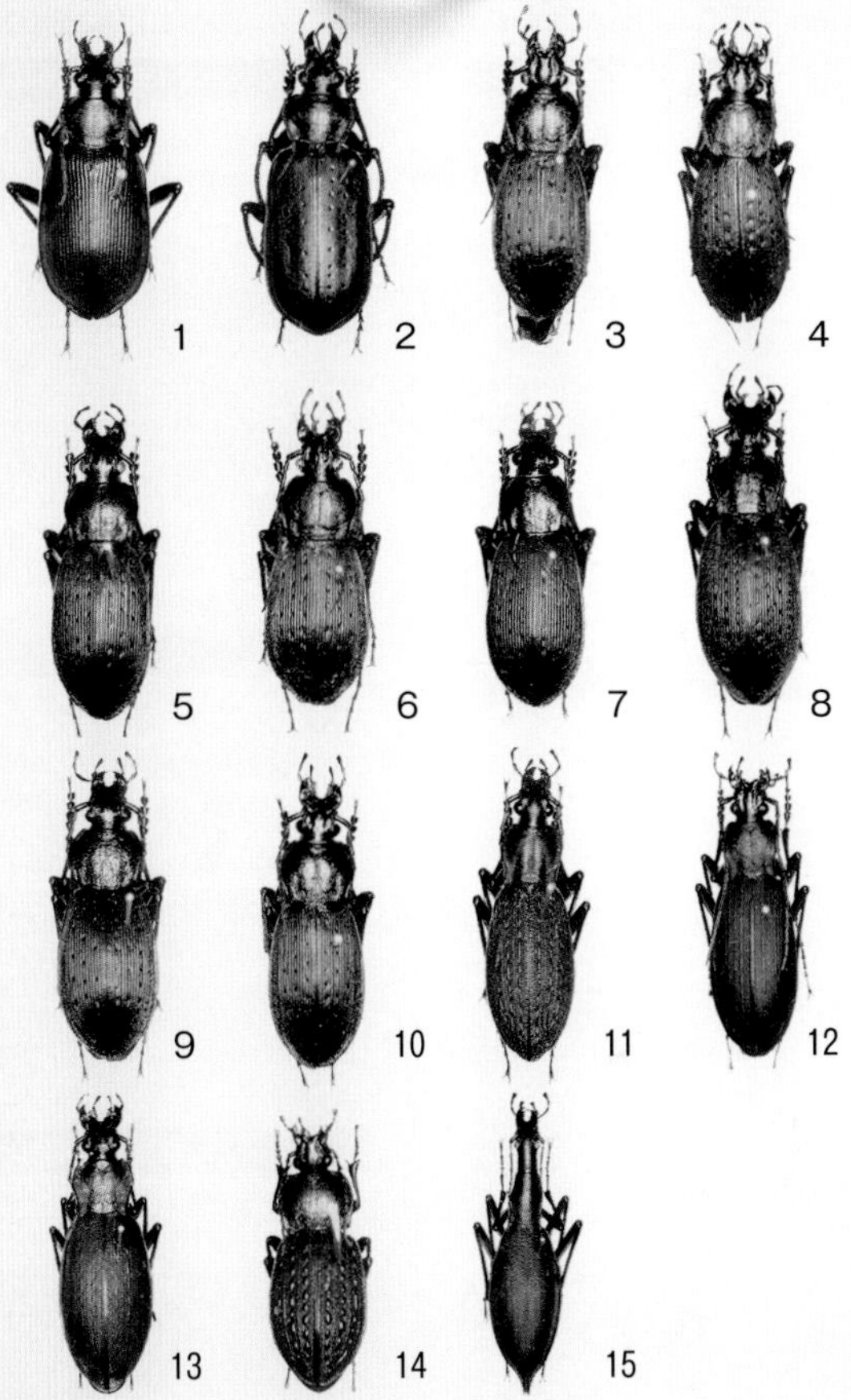

図5-3 滋賀県のオサムシ 滋賀オサムシ研究会編（2003）より引用

1．クロカタビロオサムシ
2．エゾカタビロオサムシ
3．ヤマトオサムシ
4．アキオサムシ
5．イワワキオサムシ
6．ヌノビキオサムシ
7．ヤコンオサムシ
8．オオオサムシ
9．マヤサンオサムシ
10．シガラキオサムシ
11．アキタクロナガオサムシ
12．クロナガオサムシ
13．オオクロナガオサムシ
14．セアカオサムシ
15．マイマイカブリ

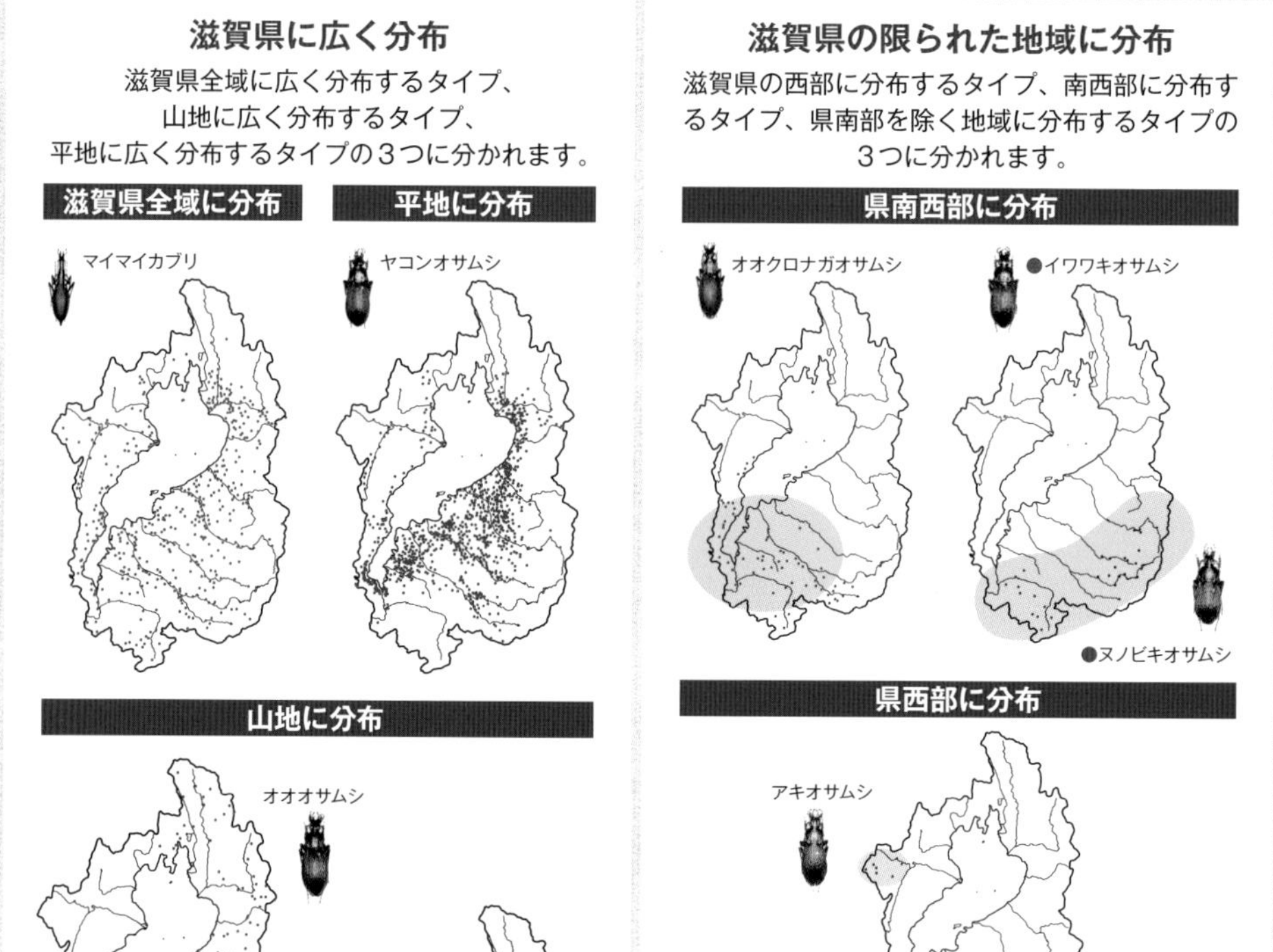

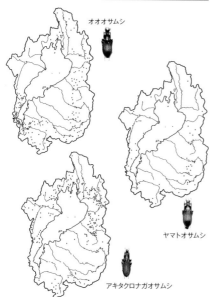

滋賀県に広く分布
滋賀県全域に広く分布するタイプ、
山地に広く分布するタイプ、
平地に広く分布するタイプの３つに分かれます。
滋賀県全域に分布

平地に分布

山地に分布

滋賀県の限られた地域に分布
滋賀県の西部に分布するタイプ、南西部に分布するタイプ、県南部を除く地域に分布するタイプの３つに分かれます。
県南西部に分布

県西部に分布

県南部を除いて分布

図5-4 滋賀県のオサムシの分布様式
滋賀オサムシ研究会編（2003）をもとに作成

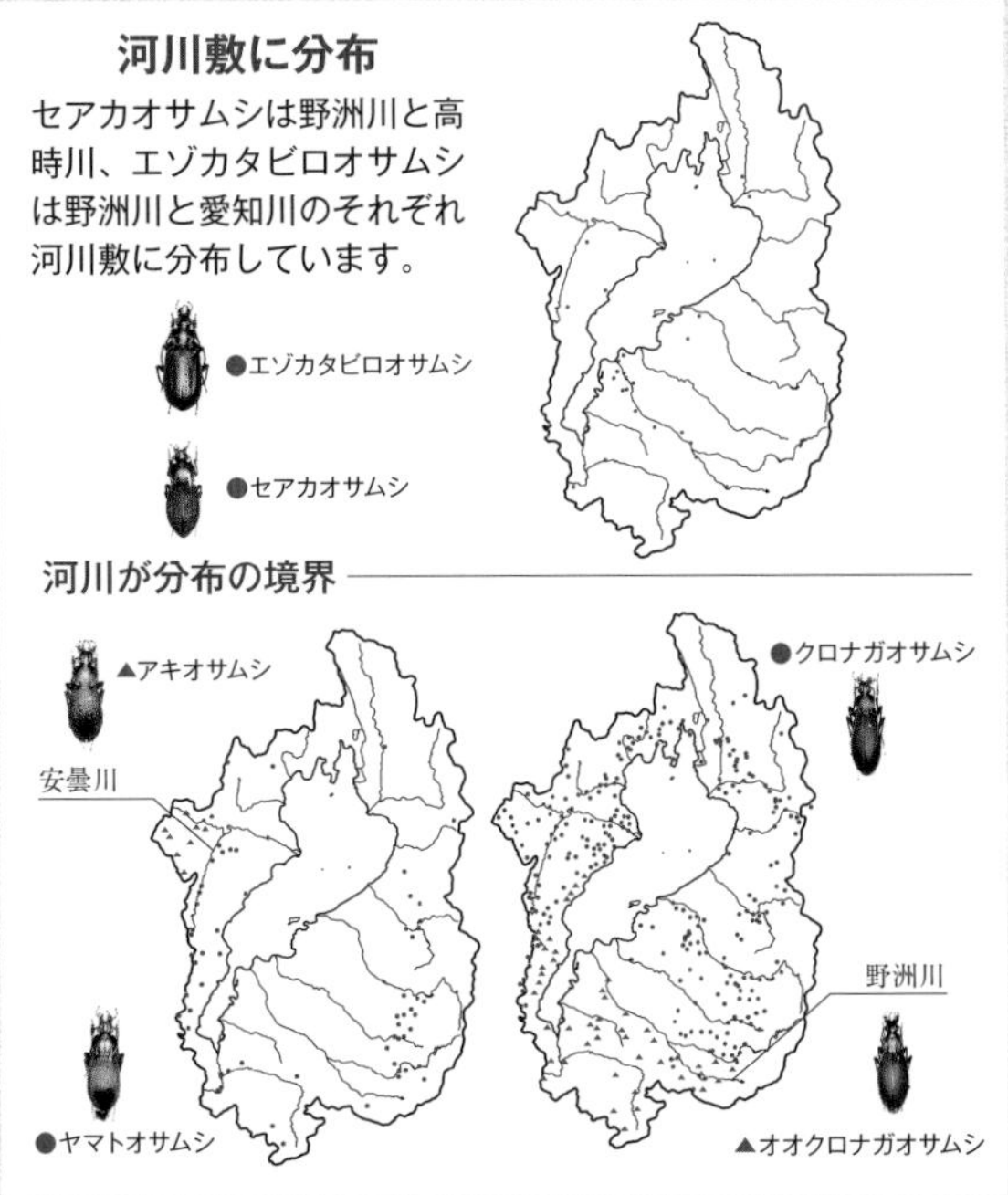

図5-5

琵琶湖博物館研究調査報告第20号『滋賀県のオサムシの分布』(2003)

図5-6

琵琶湖博物館第13回企画展示「歩く宝石オサムシ」(2005)

6 近畿地方のオオオサムシ亜属の系統進化

オサムシ類は後翅が退化しており歩行によって移動分散するため、その種・亜種分化は地史と密接に結びついている。オサムシ類の遺伝的分化をＤＮＡ配列に基づいて調べ、地学的な知見から推定される地史的変遷と照合することにより、その地域のオサムシの系統分化および分布変遷の過程を推定することができる。

オサムシ類の中でもとくにオオオサムシ亜属は、近畿地方において複数の地理的な種・亜種に分化している。また、地理的分化が著しいだけでなく、各地で体サイズの異なる複数種が同所的に生息している。この亜属は雄交尾器に交尾片があるのが特徴で、この形は雌交尾器の形と対応していて基本的に別の種同士では交尾ができない。オサムシの雌雄交尾器は生殖隔離をもたらす仕組みなのである。近畿におけるオオオサムシ亜属の複雑な系統分化や分布変遷の過程を推定することは進化生物学的にきわめて興味深い。

２００７年度から２００９年度まで琵琶湖博物館の共同研究「近畿地方におけるオオオサムシ亜属の歴史生物地理」を実施した。研究組織のメンバーは、京都大学の曽田《そた》貞滋《ていじ》さん、当時曽田さんの研究室の大学院生であった長太《ながた》伸章《のぶあき》さん、東京大学の久保田耕平さんである。研究目的は、ミトコンドリアＤＮＡに基づいて近畿地方のオオオサムシ亜属各種の生物地理学的歴史を明らかにすることであった。

共同研究の成果として、ドウキョウオオサムシの系統的位置づけの解明がある。ドウキョウオサムシは大阪府と奈良県の県境にある金剛山と大和《やまと》葛城《かつらぎ》山にのみ隔離分布し、長大な雄交尾器の交尾片を持っている（図6―1）。これまでの核遺伝子に基づく系統解析では、ドウキョウオサムシ、ミカワオサムシ、マヤサンオサムシ、イワワキオサムシ、シズオカオサムシの5種が近縁と考えられていたが、進化速度が遅いためこれ以上は分からなかった。

そのため、ドウキョウオサムシや近畿地方の近縁種について、進化速度の速いミトコンドリアＤＮＡを用いて、複数集団かつ1集団複数個体の分析を行い、ドウキョウオサムシの系統的位置や遺伝的多様性を調べた。系統解析の結果、ドウキョウオサムシは現在分布域が離れているものの、マヤサンオサムシから分化したことが明らかになった（図6―2）。

それでは、どのようにしてドウキョウオサムシの隔離分布が形成されていったのだろうか。現在の近畿地方のマヤサンオサムシとドウキョウオサムシの間には、大阪平野が広がっており、海進期には海によって隔離されてしまう。海退期に南下したマヤサンオサムシの一部が海進によって標高の高い金剛山や葛城山に取り残され、何らかの要因で特に交尾器の分化（巨大化）が進んでドウキョウオサムシになったのかもしれない。

近畿地方のオサムシがどのように進化してきたのか、分布を形成してきたのかなどオサムシの歴史を解明するために、ＤＮＡの情報は重要である。しかし、オサムシの遺伝子の系統樹は複雑になっていることもあるので、より正確に解釈するためには、ＤＮＡの分析のほか、分布や形態、生活史特性などを総合的に考える必要がある。

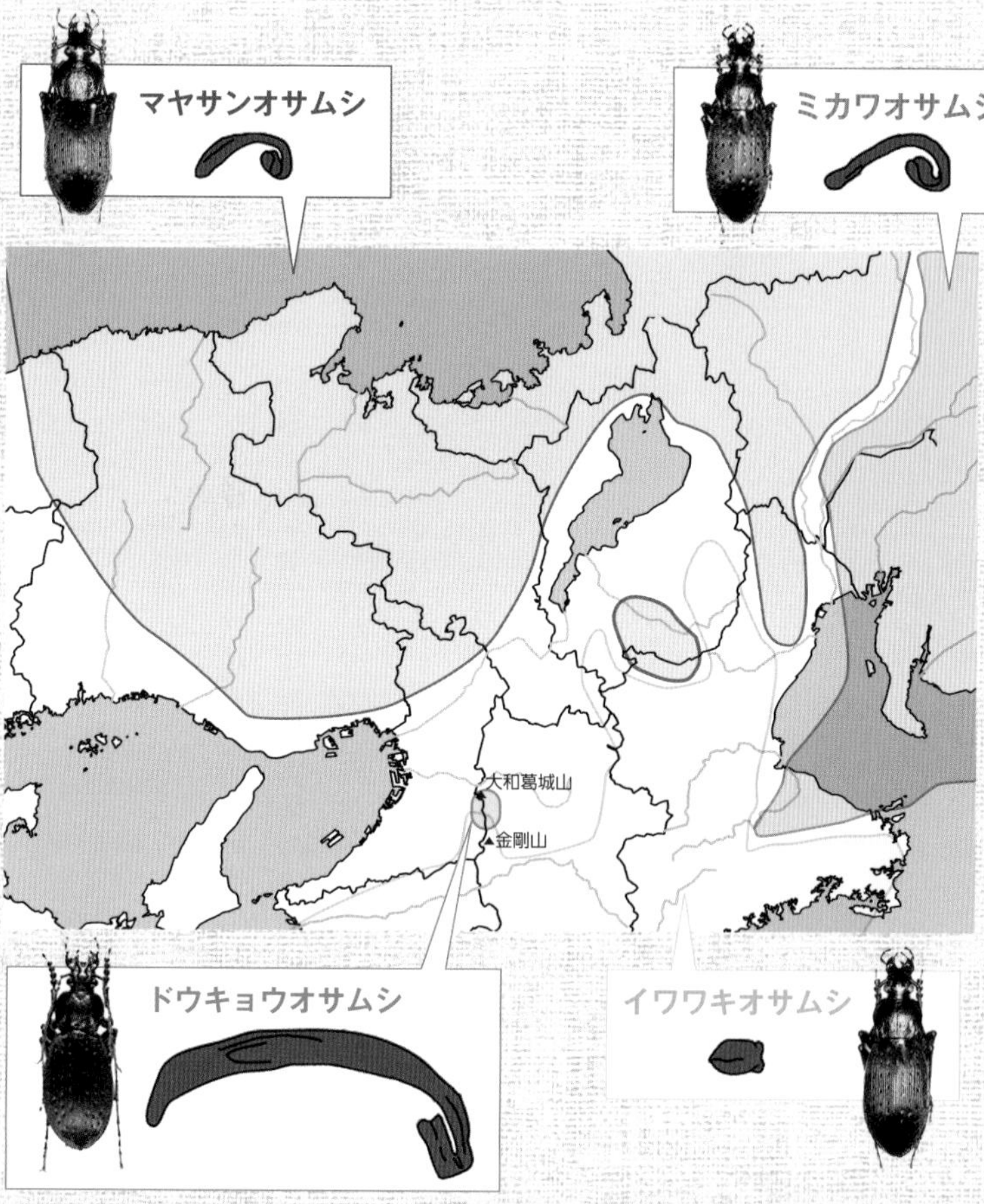

図6-1 **マヤサンオサムシ、イワワキオサムシ、ミカワオサムシ、ドウキョウオサムシの分布と雄交尾器交尾片の形態**

長太ら（2005）を改変

４種は近畿地方を中心に分布している代表的な森林性の種である。マヤサンオサムシは近畿地方北部、イワワキオサムシは近畿地方南部、ミカワオサムシは近畿地方東側、ドウキョウオサムシは、大阪府と奈良県の県境にある金剛山と大和葛城山に隔離分布する。交尾片はオオオサムシ亜属の種を分ける特徴となっている。

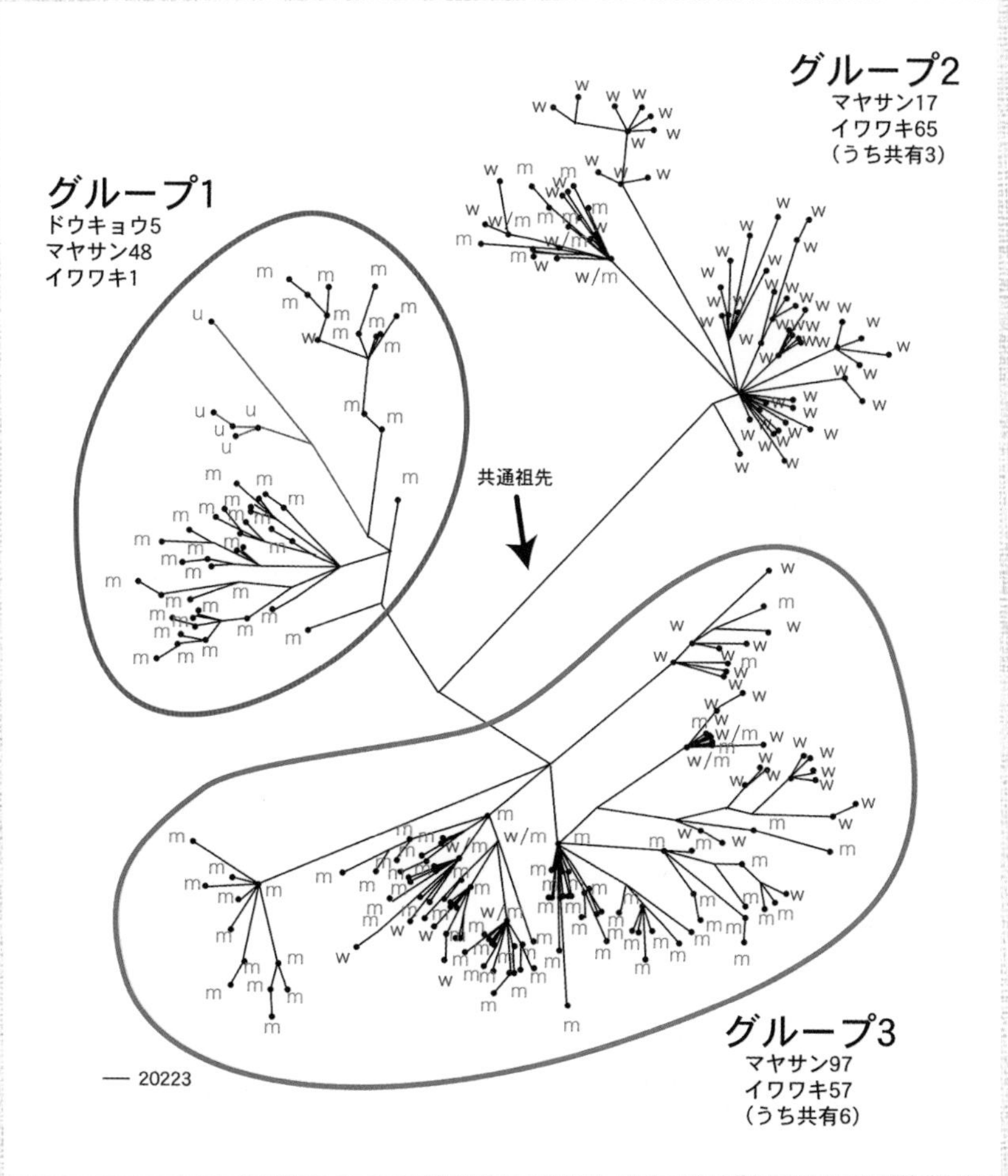

図6-2

ドウキョウオサムシ（u）、マヤサンオサムシ（m）、イワワキオサムシ（w）のハプロタイプの系統関係 長太ら（2005）より引用

ドウキョウオサムシはマヤサンオサムシに近縁であると考えられる。

7 カワウの巣の昆虫たち

琵琶湖博物館は、琵琶湖に関する総合博物館で、地学、生物、歴史、民俗、考古、社会学の専門分野の学芸員が在籍している。異分野の学芸員が身近にいて共同研究ができるのは、大学とは異なる博物館の強みである。琵琶湖博物館で鳥類を専門とする亀田佳代子さんは、カワウによる水域から陸域への物質輸送に関する研究をテーマにしている。

カワウはカツオドリ目ウ科に属する鳥である（図7―1）。森林において集団で営巣し、多量の排泄物、魚の吐き出し、ヒナなどの死骸を森林に供給するほか、周辺樹木から巣材としての枝葉の折り取りを行う（図7―2）。琵琶湖では、かつてこの鳥の二大営巣地として知られていたのが、近江八幡市伊崎《いさき》半島と長浜市竹生島《ちくぶしま》（図7―3）である。

亀田さんのこれまでの共同研究で、カワウの排泄物が、森林への養分供給や植生への変化に影響を与えていたことが分かった。昆虫については、カワウの営巣によって、森林の甲虫群集がどのように変化するのか、営巣中から営巣放棄した後にわたって調べたところ、営巣中は、シデムシ類などの動物の死骸などを食べる腐肉食者が増加し（図7―4、5）、営巣放棄後は、ゾウムシ科とヒメハナムシ科などの植食者やその捕食者などの甲虫類が増加した。植食者の増加は、営巣中から営巣放棄後にかけて森の地面の植物が増加したためと考えられた。カワウの森林への養分供給や植生の変化により、森林の甲虫相も大きく変化していることが分かった。

営巣地だけでなく、鳥の巣の中にも昆虫がいる（図7―6）。琵琶湖の竹生島でカワウの巣の

図7-1 カワウ

図7-2 カワウの集団営巣地の森の様子
（近江八幡市伊崎半島）（撮影：亀田佳代子）

図7-3 かつてのカワウの大規模営巣地
（長浜市竹生島）（撮影：亀田佳代子）

中の昆虫を調査したところ、27種に属する466個体の昆虫が採集された。これらを分析すると、①腐肉食者、②腐肉食者の捕食者、③乾燥した動植物質食者、④巣材である枝や葉などの腐植食者、⑤腐植食者の捕食者の昆虫であった。カワウの巣という小さい空間で、実に多様な昆虫相ができあがっていたのである（図7－7）。その中でもチビコブスジコガネ（コブスジコガネ科）は48個体確認されており、巣内の幼鳥の古い死体やペリット（未消化の吐き出し物）、食べ残しなどの分解者として重要な役割を果たしていると考えられた（図7－8）。さらに、これら巣内の昆虫は巣の清掃に役立っていると考えられ、巣の持ち主とはお互いに利益のある共生的関係にある可能性が見つかったのである。

調査した竹生島は、当時日本最大級のカワウの営巣地となっていた。巣材集めによる枝の折り取りなどによって、木々が枯れている様子をご存知の方も多いだろう。実際調査で入ってみると、地面は糞で白くなり、臭いもするし埃《ほこり》っぽかった。我々にびっくりしたカワウが、吐き戻した魚が頭上から落ちてくることもあった。魚が落ちた瞬間、調査メンバーの一人が素早くビニール袋に魚を入れる。「カワウが食べていたもの」の実物証拠を持ち帰るのだ。古くなった魚の下にも昆虫がいてそれを持ち帰る。普通の森とは違った異様な光景のカワウ営巣地だが、そこから、鳥によって運ばれたモノが作り出す、多様な生物同士の関係を探ることができるのだ。

図7-6 カワウの巣

図7-4 腐肉食者のオオヒラタシデムシ

図7-5 腐肉食者のベッコウヒラタシデムシ

図7-7 カワウの巣の共生系（イラスト：谷川真紀）

図7-8 チビコブスジコガネ

8 琵琶湖、滋賀県の地名が和名についた昆虫

和名に琵琶湖や滋賀県の地名がついた昆虫は何種いるのであろうか。滋賀県自然環境保全課のホームページより公開されている滋賀県昆虫目録などを参考に調べてみた。琵琶湖の和名がついた生き物は、例えば、ビワコオオナマズなど琵琶湖の固有種がほとんどである。琵琶湖の和名がついた昆虫は2種いる。ビワコシロカゲロウ、ビワコエグリトビケラである。いずれも琵琶湖の固有種である。ビワコエグリトビケラは、Nishimoto（1994）によって新種として記載された（図8―1）。近江八幡市の水ヶ浜がタイプ産地（新種記載の際に基準となるタイプ標本が採集された場所）となっている。琵琶湖北湖の転石湖岸に生息し、砂粒を摺《す》り合わせた筒状の巣をつくる。ビワコシロカゲロウは、Ishiwata（1996）によって新種として記載された（図8―2）。幼虫は安曇《あど》川や姉《あね》川の河口付近など北湖の砂礫《されき》質の浅瀬で主に採集されている。これまでの遺伝子解析の研究からは、ビワコシロカゲロウはオオシロカゲロウとの違いが認められていないが、今後、シノニムの可能性も含めてさらなる研究が必要とされる。

ビワヒゲユスリカは、琵琶湖にちなんで属名が与えられた昆虫である。琵琶湖の固有種ではなく、琵琶湖のほか、茨城県、山梨県、岐阜県に分布する。ビワコムシは、琵琶湖と名前がついているが、琵琶湖岸でときおり大発生するアカムシユスリカやオオユスリカの通称である。

滋賀県の地名が和名についたものでは、山脈の名前がついた昆虫が多い。トンボの仲間であるヒラサナエは、比良《ひら》山系がタイプ産地となっている（図8―3）。しかし、比良山地は意外に

もこの種とヒラシリブトジョウカイの2種のみである。琵琶湖のまわりには、比良山以外にも北に伊吹《いぶき》山、東に鈴鹿山脈など自然豊かな山々がある。伊吹山は、イブキフウロ、イブキトラノオなど伊吹山の名前がついている植物が多いので有名である。昆虫では、イブキヤブキリ、イブキスズメ、イブキツチゾウムシ、イブキコガシラウンカ、イブキチビキバガなど10種いる。伊吹山で最初に見つかったか、多産していたので名前がついたのだろう。鈴鹿山脈は伊吹山に次いで多く、スズカクチキウマ、スズカササキリモドキ、スズカメクラチビゴミムシなど5種いる。シガラキオサムシは、マヤサンオサムシの信楽地方亜種で、信楽の基盤山地にのみ分布する。これら山脈にちなんで名付けられた昆虫には、滋賀県側のほかに三重県側、岐阜県側に生息するものも含まれている。サメメクラチビゴミムシは、多賀《たが》町佐目《さめ》の洞窟深くにのみ生息している。ミイデラゴミムシは、大津市の三井寺《みいでら》（園城寺）が語源である。

以上は、和名に滋賀県、琵琶湖の地名がついている昆虫であるが、学名に滋賀県にちなんだ名前がついているものとしては、属名についている *Hira humerosignata*（カタアカナガクチキムシ）、種名についている *Errada ibukisana*（イブキコガシラウンカ）、*Ceutorhynchus ibukianus*（アオバネサルゾウムシ）がある。

今後、琵琶湖や滋賀県から新種が見つかり、琵琶湖や滋賀県の地名がつけられることを期待している。

図8-1
ビワコエグリトビケラ

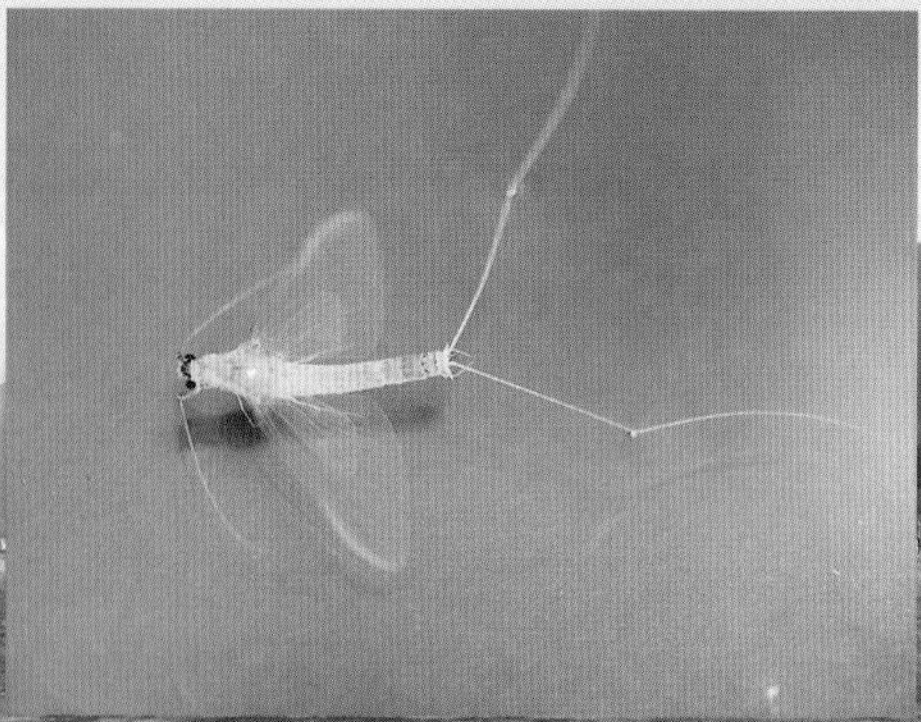

図8-2
ビワコシロカゲロウ
（撮影：関根一希）

図8-3
ヒラサナエ

表8-1 滋賀の地名がついた昆虫

和　名	学　名	由来地名
ビワコエグリトビケラ	*Apatania biwaensis*	琵琶湖
ビワコシロカゲロウ	*Ephoron limnobium*	琵琶湖
ビワヒゲユスリカ	*Biwatendipes motoharui*	琵琶湖
ヒラサナエ	*Davidius moiwanus taruii*	比良山地
ヒラシリブトジョウカイ	*Yukikoa mizunoi*	比良山地
イブキヤブキリ	*Tettigonia ibuki*	伊吹山
イブキヒメギス	*Eobiana japonica*	伊吹山
イブキスズメ	*Hyles gallii*	伊吹山
イブキメクラチビゴミムシ	*Trechiama spinosus*	伊吹山
イブキナガゴミムシ	*Pterostichus naokii*	伊吹山
イブキサンナガゴミムシ	*Pterostichus ibukiyamanus*	伊吹山
イブキミヤマヒサゴコメツキ	*Homotechnes motschulskyi ibukianus*	伊吹山
イブキツチゾウムシ	*Trachyphilus ibukianus*	伊吹山
イブキコガシラウンカ	*Errada ibukisana*	伊吹山
イブキチビキバガ	*Stenolechia bathrody*	伊吹山
スズカクチキウマ	*Anoplophilus takaishii*	鈴鹿山脈
スズカササキリモドキ	*Kinkiconocephalopsis matsuurai*	鈴鹿山脈
スズカメクラチビゴミムシ	*Trechiama suzukaensis*	鈴鹿山脈
スズカヌレチゴミムシ	*Apatrobus narukawai*	鈴鹿山脈
スズカオオズナガゴミムシ	*Pterostichus akitai*	鈴鹿山脈
オイケミヤマヒサゴコメツキ	*Homotechnes motschulskyi oikensis*	御池岳(鈴鹿山脈)
シガラキオサムシ	*Carabus maiyasanus shigaraki*	信楽山地
サメメクラチビゴミムシ	*Suzuka kobayashii*	多賀町佐目
ミイデラゴミムシ	*Pheropsophus jessoensis*	大津市三井寺
コホクメクラチビゴミムシ	*Trechiama brevior*	湖北地方
ヨツモンシガニセクビボソムシ	*Shigaderus nakagawayui*	滋賀県
カタアカナガクチキムシ	*Hira humerosignata*	比良山地
アオバネサルゾウムシ	*Ceutorhynchus ibukianus*	伊吹山

9 ミイデラゴミムシの名前の由来

ミイデラゴミムシは、約２㎝ほどのオサムシ科に属する甲虫である（図９―１）。翅《はね》には黒地に黄色の紋があり、警告色となっている。この昆虫は、日本では北海道から九州まで広く分布している。水田や畑、草地などに生息しており、成虫は小昆虫、幼虫はケラの卵を食べている。「へひりむし」、「へこきむし」の別名があるように、この昆虫の大きな特徴は、腹部の先端から防御物質を出すことにある。「ぷっ、ぷっ」と音を立てて、時には白煙とともに噴射する。噴射時の瞬間温度は摂氏１００℃におよぶというから驚きである。体内の貯蔵嚢《のう》にヒドロキノンと過酸化水素を蓄積し、外部からの刺激によって物質は貯蔵嚢に接続する反応室へ送られ、この室の周辺から分泌される酸化酵素の働きで反応して、ベンゾキノンと水分を音を出して噴射する。噴射する開口部をあらゆる角度に向け、４分間に20回以上噴射するものもいるという。天敵となるヒキガエルなどから身を守るためには役に立っているのだろう。この防御物質が手につくと、黄色くなる。

ところで、この昆虫がなぜミイデラゴミムシと名前がついていたのかは分かっていなかった。ミイデラゴミムシは江戸時代に「行夜《こうや》」、別名「へひりむし」と呼ばれていた。『和漢三才《さんさい》図会《ずえ》』（１７１２）に記述されている。「ミイデラ」の呼称が最初に出てくるのは、小野蘭山《おのらんざん》の『本草《ほんぞう》綱目啓蒙』（１８０３）で、「行夜」の別名として、「ヘコキムシ」「ヘヒリムシ」「カメムシ」と並んで、「三井寺ハンメウ」と記述されている。その後、『日本昆虫図鑑』（１９３２）で「ミイデラゴミムシ」と改称される。

大津市の三井寺は、昔多くの寺があった一帯の地名で、この地で一番の大寺が「本山　圓満院門跡」である（図9―2）。日本の高僧も歴代の門主に多く、鳥羽絵《とばえ》「鳥獣戯画《ちょうじゅうぎが》」で知られる鳥羽僧正《そうじょう》もその一人である。圓満院門跡には、附属「大津絵美術館」があり、ここには鳥羽絵「放屁合戦《ほうひがっせん》」が残されている（図9―3）。この絵巻物は全長約9ｍに達するもので、古来より悪魔退散の魔除けとして知られている。絵巻物の1枚目の絵から2枚目の絵は、合戦に臨み秘策が練られる絵、3枚目から5枚目が腹ごしらえの絵、6枚目から最後の20枚目までえんえんと放屁の様子が描かれている。

「ミイデラ」の由来は、おそらくこの絵巻物であるというのが有力な説となっている。最初に名付けた小野蘭山がかねてからこの絵巻物の存在を知っていて、「行夜《こうや》」のオナラの習性にちなんで名づけたのであろうというのである。驚くべき生態と不思議な和名、まだまだこの昆虫は多くの人の関心を引いていくであろう。

図9-1 ミイデラゴミムシ

図9-2 本山　圓満院門跡（大津市園城寺町）

図9-3 **鳥羽絵「放屁合戦」複製** 本山　圓満院門跡蔵
上が合戦臨み秘策が練られる絵、中が腹ごしらえの絵、
下が東西に分かれ放屁合戦している絵

第2章　昆虫の移り変わり

10　減ったチョウ、増えたチョウ

これまで昆虫の調査や研究に、滋賀県在住のアマチュアの昆虫研究者の方にかかわっていただいた。地元を知り尽くし長年にわたり自然を見てきた中で、環境の変化も見逃さない。

１９９０年代後半ぐらいから、滋賀県内で過去には良く見られたが、現在は減少しているチョウ、逆に過去にはいなかったが現在は見られるようになったチョウがいることを感じている人たちがいた。滋賀むしの会の会員の方々である。

滋賀県で減っているチョウ、増えているチョウがいるという地域の人たちの長年の実感がきっかけになってはじまったのが、内田明彦さんが研究代表者の琵琶湖博物館の共同研究「滋賀県のチョウ類の分布」である。この共同研究は、２００３年から２００７年まで滋賀むしの会の会員7名と琵琶湖博物館の学芸員２名が、滋賀県チョウ類分布研究会という組織を作って実施したものである。

調査は、フィールド調査のほか、過去の文献資料や県内博物館の所蔵標本や県内在住の個人コレクションの標本などを調べた。調査の結果、滋賀県には、１２８種のチョウが分布していることや、分布域が縮小している種が10種、分布域を拡大している種が7種いることが分かった。分布域を拡大しているチョウは、主に亜熱帯区から熱帯区を分布域とする南方系のチョウであった。この調査で、初めて滋賀県のチョウ類の分布の変遷の様子が分かったのである。分布域を縮小、拡大したチョウについては、『滋賀県のチョウ類の分布』（２０１１）の中で研究代表者の内田明彦さんが分析されているので、それを参考にして紹介する（図10―1）。

分布域を縮小しているチョウのうち、ギフチョウは初春に発生し、その美しい姿から「春の女神」とも呼ばれる（図10―2）。本種は、１９８０年代までは、県内各地に多くの産地が見られた。それが１９９０年頃から大津市南部の大石付近で減少し始め、１９９７年を最後に記録がなくなる。県西北部と東部では比較的広い範囲に本種は見られていたが、２００５年以降に急激に減少する。２００６年には多くの産地で記録が見られない状態となっている（図10―4）。本種の減少理由として、カンアオイ類の生育できる自然林や若い人工林が開発によって失われたことによるものと考えられている。一方、近年の県北部と東部における本種の減少理由は、ニホンジカが本種の食草であるカンアオイを食害することによるものと考えられている。

分布域を拡大しているチョウのうち、ナガサキアゲハは九州以南に分布が限られていた南方系のチョウである（図10―3）。滋賀県で初めて見つかったのは大津市南部で、１９８１年のことであった。その後、県南部の大津だけでなく北部の彦根などでも２０００年から２００１年にかけて記録が急激に増加し、いまや、琵琶湖博物館のまわりでも普通に見られるようになった（図10―5）。本種の分布の拡大要因は、チョウの研究者によって、本種の幼虫の食草であるカンキツ類の栽培面積の増加や地球温暖化が影響していると言われている。

滋賀県で分布域を縮小したチョウの減少理由は、森林伐採や山林開発、道路工事などによる生息地の減少やニホンジカの急激な増加の影響など生息環境の悪化である。つまりは、人為的影響によって滋賀県のチョウ類の分布域が減少していると言えるので、今後は現在の生息環境を保全していく必要がある。

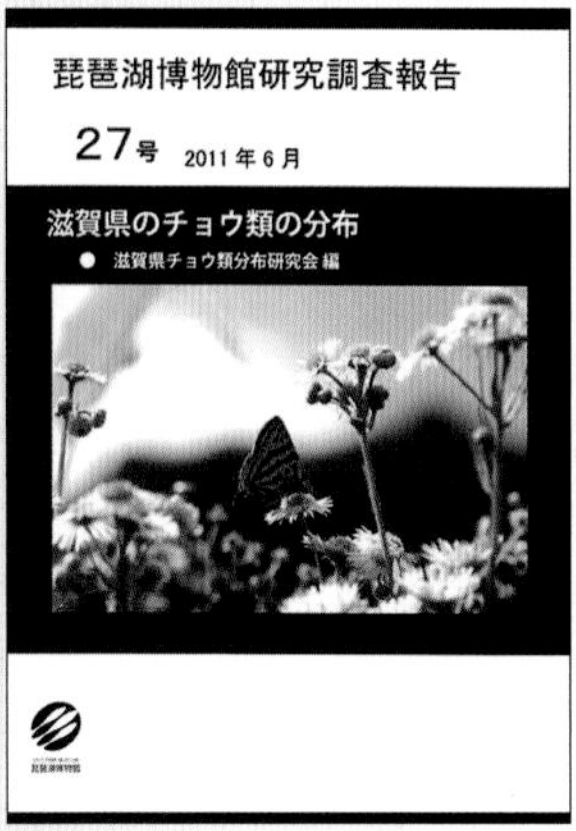

図10-1
琵琶湖博物館研究調査報告第27号「滋賀県のチョウ類の分布」(2011)

図10-2
ギフチョウ
(撮影：中邨徹)

図10-3
ナガサキアゲハ(撮影：中邨徹)

分布域を縮小している種　ギフチョウ

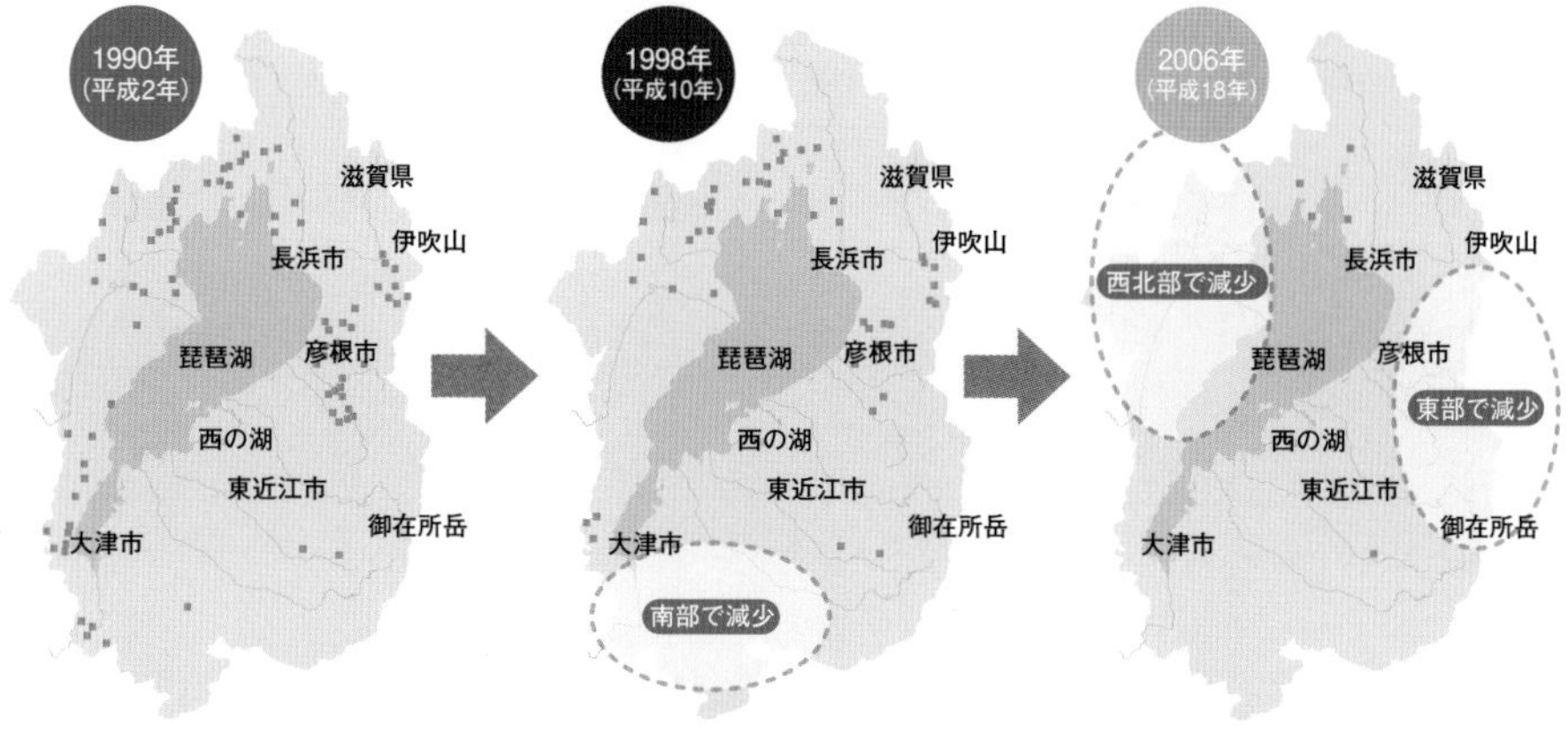

図10-4　ギフチョウの分布の変遷
滋賀県チョウ類分布研究会編（2011）をもとに作成

分布域を拡大している種　ナガサキアゲハ

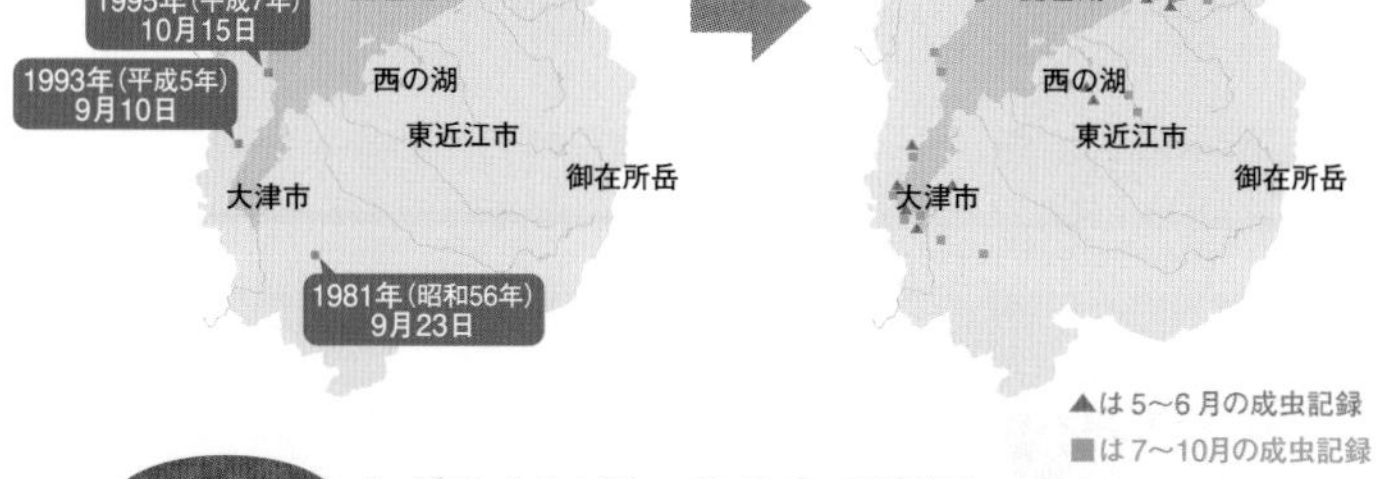

図10-5　ナガサキアゲハの分布の変遷
滋賀県チョウ類分布研究会編（2011）をもとに作成

11 トンボの宝庫が危ない──滋賀県のトンボの分布の移り変わり──

チョウの分布変化と同様に、滋賀県のトンボ研究者の中では、例えば滋賀県で広く分布していたアオヤンマ、マイコアカネ、ミヤマアカネが各地で見られなくなったりするなど、トンボの分布に変化があり、その状況を把握する必要性を感じていた。このようなことからはじまったのが、琵琶湖博物館共同研究「２０１０年代の滋賀県のトンボ類の分布状況に関する研究」（研究代表者：河瀬直幹）である。この共同研究は、１９９０年代の調査『滋賀県のトンボ』（１９９８）のモニタリング調査として、２０１０年代の滋賀県のトンボ類の分布状況を把握することを目的として実施された。実施期間は、２０１２年から２０１４年である。

１９９０年代の調査では、滋賀県外のトンボ研究会会員が調査者の多くを占めていた。２０１０年代は滋賀むしの会の会員、小学校教諭、会社員、大学院生などのトンボの研究者を中心に、滋賀県在住の人でトンボ調査を行ったというのが大きく異なる点で意義がある。メーリングリストをうまく活用して調査内容を報告しあうなど、楽しく情報を共有しながら調査を行った。

１９９０年代の調査と２０１０年代の本調査の分布域を比較した結果、滋賀県内では、37種の分布域が明らかに減少したことが分かった。また、分布域が増加した種は1種、分布域の変化が少ない種は37種、変化の判定ができない種が16種、迷入種で比較対象外とした種が９種であった。減少した37種について、以下のように４つの分布変遷の型が確認できた。

第一は、1990年代の分布が限定されるか極限され、2010年代は分布が極限されるか絶滅した型である。コバネアオイトトンボなど9種がこの型である（図11―1）。第二は、1990年代は広域に分布していたが、2010年代は限定分布に変化した型である。ミヤマアカネなど4種がこの型である（図11―2）。これらの種は、県内の水田や周辺のため池、水路など農村環境の大半からいなくなり、自然湿地や自然公園内の池を中心に残存している。第三は、1990年代は広域に分布していたが、2010年代は県北部の分布域が消失した型である。フタスジサナエなど6種がこの型である（図11―3）。これらの種は、人による植生管理が減少して、池沼や湿地と周辺の植生遷移が進んだことが減少原因の可能性がある。第四は、1990年代は県内全域に分布していたが、2010年代は平野部から減少した型である。マユタテアカネなど18種がこの型である（図11―4）。平野部では、県南部を中心に都市化が進行した。また、大規模で効率的な水田施業による、農薬や水の管理などが影響した可能性が考えられる。

1990年代は、近江はトンボの宝庫であったが、2010年代に入りその状況がもはや危なくなっていることが分かったのである。トンボの減少要因はさまざまであるが、その多くが人による原因で減少しているのは残念なことである。このように滋賀県のトンボの分布状況には変化が見られているが、滋賀県、そして琵琶湖地域には多くのトンボがいることには変わりない。将来、トンボ類の生息環境が少しでも保全されていくことを願っている。

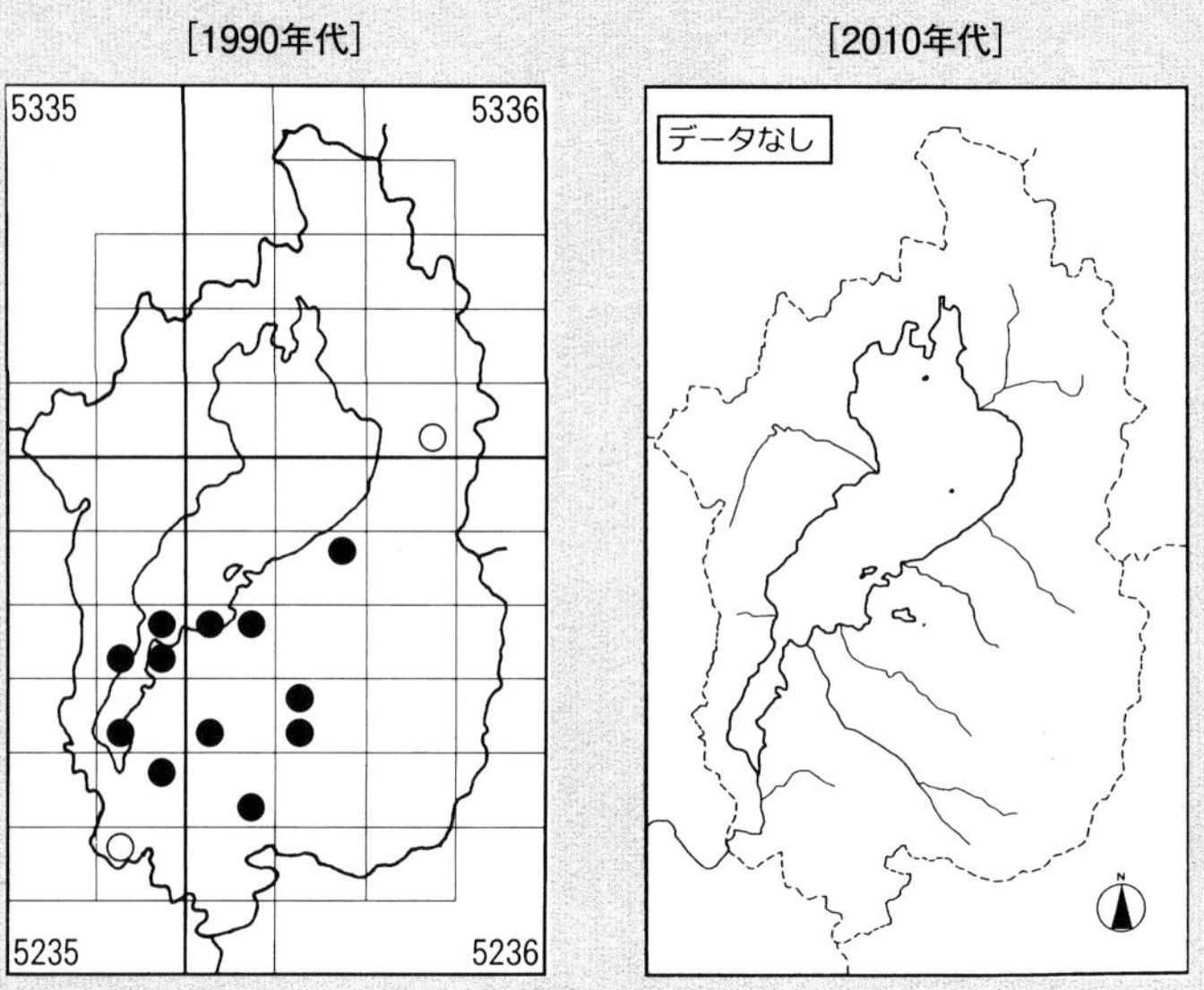

図11-1 **コバネアオイトトンボの分布変遷**
左：吉田ら（1998）、右：河瀬ら（2018）より引用
1990年代の分布図の●：成虫、▲：幼虫・殻、■：成虫＆幼虫・殻、○：文献データを引用

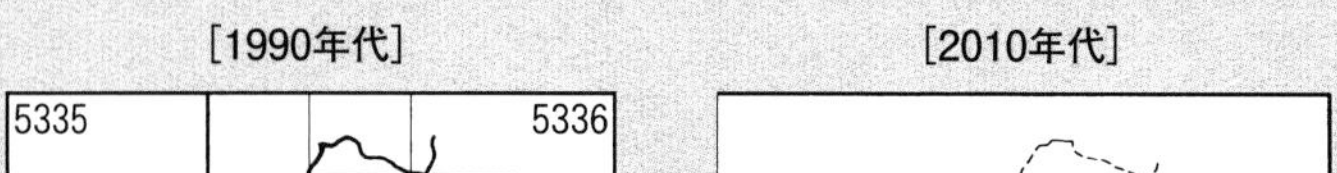

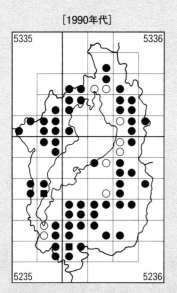

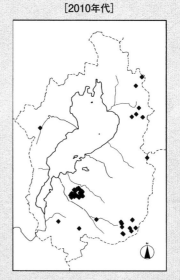

図11-2 **ミヤマアカネの分布変遷**
左：吉田ら（1998）、右：河瀬ら（2018）より引用
1990年代の分布図の●：成虫、▲：幼虫・殻、■：成虫＆幼虫・殻、○：文献データを引用

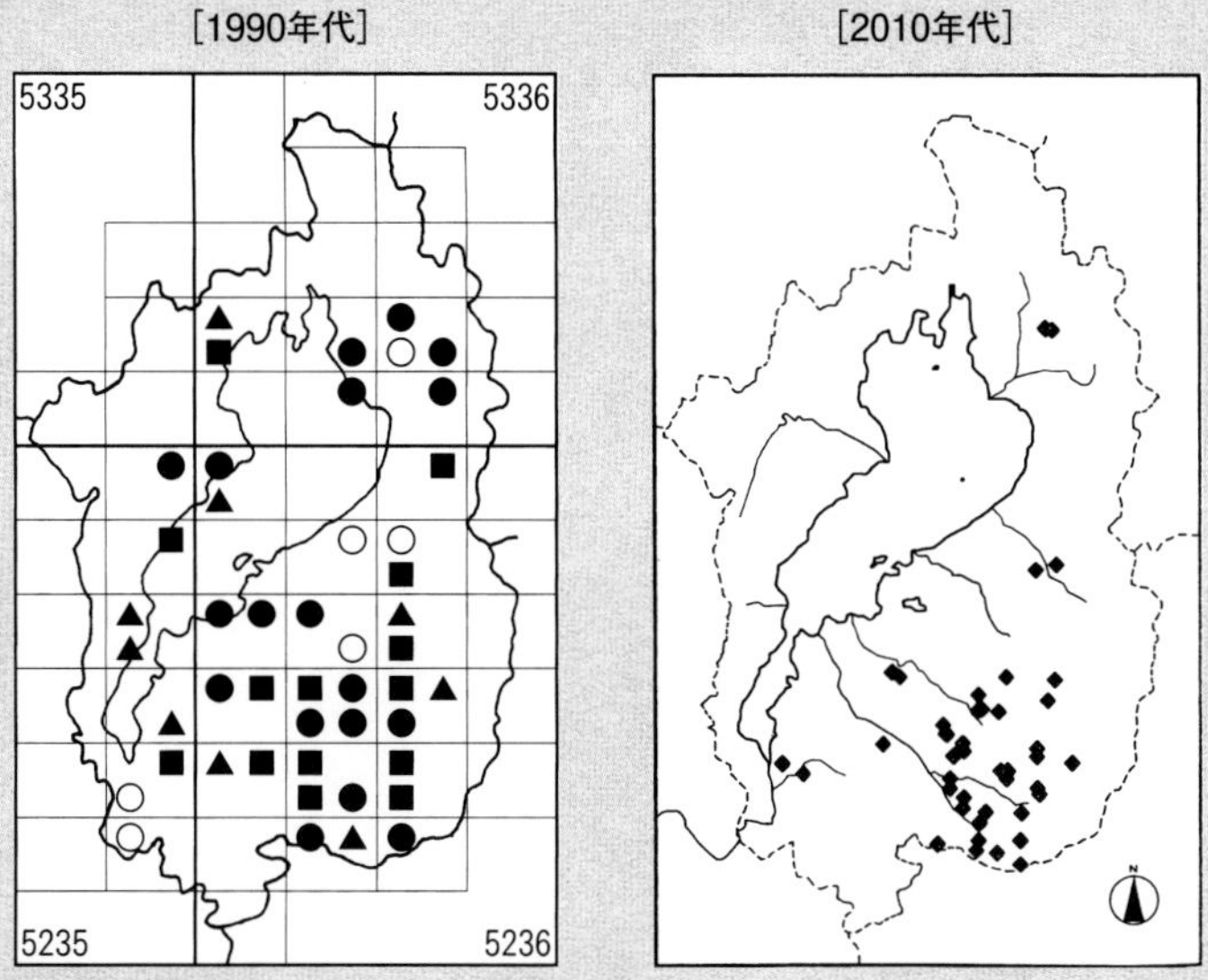

図11-3 **フタスジサナエの分布変遷**
左：吉田ら（1998）、右：河瀬ら（2018）より引用
1990年代の分布図の●：成虫、▲：幼虫・殻、■：成虫&幼虫・殻、○：文献データを引用

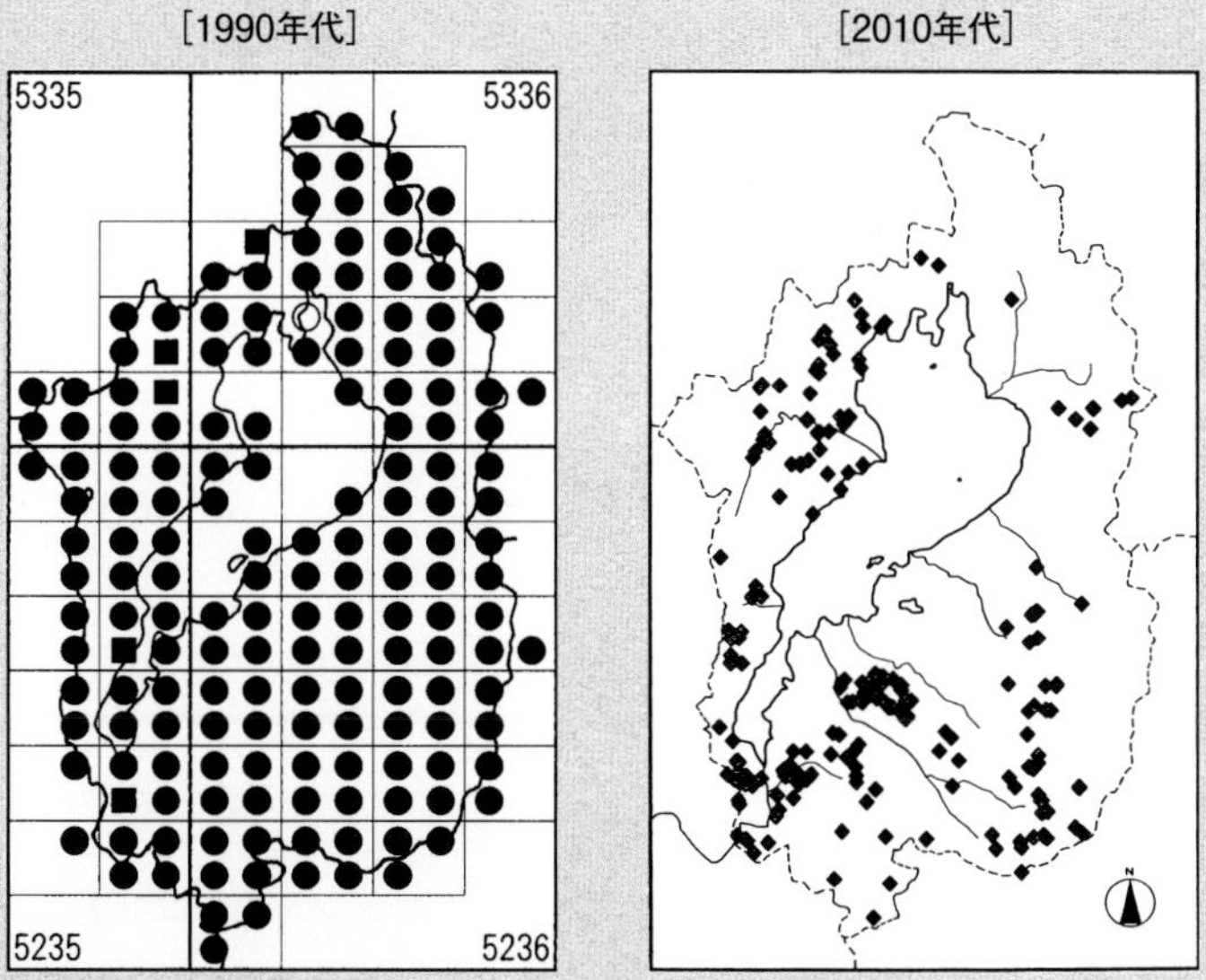

図11-4 **マユタテアカネの分布変遷**
左：吉田ら（1998）、右：河瀬ら（2018）より引用
1990年代の分布図の●：成虫、▲：幼虫・殻、■：成虫&幼虫・殻、○：文献データを引用

12 姿を消したミノムシ

チョウやトンボ以外にも姿を消しつつある昆虫がいる。その一種が、冬に樹木の枝にぶらさがっているミノムシである。ミノガ科に属するガの幼虫の総称でいずれも幼虫がミノを作って、その中に潜んでいる。ミノが大きく紡錘《ぼうすい》形で比較的表面のきめが細かいのがオオミノガで（図12－1）、ミノが円筒形で表面に小枝を平行に密に並べているのがチャミノガである（図12－2）。誰でも知っている昆虫の一つであるが、最近見かけなくなったと思わないだろうか。

オオミノガは関西以西で身近であったが、1990年代後半から姿を消していて、減少理由はオオミノガヤドリバエの寄生によるものだと言われている。日本全国でミノムシは激減しているのである。オオミノガヤドリバエ（以降、寄生バエ）は、オオミノガだけに寄生し、チャミノガに寄生しないため、一時ミノムシはチャミノガだけになった。

このように全国的に減少しているミノムシであるが、滋賀県ではどのような状況なのかをフィールドレポーターが調べた。琵琶湖博物館にはフィールドレポーター制度というものがある。これは、滋賀県内の自然や暮らしについて定期的に報告してもらう「地域学芸員」のような制度である。2006年に第1回目の調査を行い、その5年後の2011年に第2回目を行い、さらに5年後の2016年に調査と5年ごとに調査を行っている。このように継続的に行っている調査は非常に貴重である。

第1回目の調査では、寄生バエの移入の時期が早かった福岡市では、平野でのオオミノガの状況は壊滅的で、かろうじて山間部に残っているだけに過ぎなかったのだが、滋賀県では平野部の住宅地、琵琶湖湖岸、山間部でもオオミノガが確認できた。さらに、ミノムシの蓑《みの》の中に寄生バエが入っているものや、オオミノガの幼虫が入っているものが一緒に見つかっていることなどから、滋賀県では寄生バエの移入が最近進んでいることが明らかとなった。

第２回目の調査では、オオミノガは県内から消滅したのかどうかを調べた。５年前に寄生バエの侵入が見られ、また西日本の生息状況から、滋賀県でも絶滅に近いのではと推測していた。しかし、寄生バエのオオミノガへの寄生率は前回と同程度で、オオミノガは絶滅を免《まぬが》れていた。５年前にはオオミノガヤドリバエが確認されていなかった湖北からも発見され、寄生バエの分布が滋賀県全体に拡大していることが分かった。

第３回目の調査では、オオミノガは絶滅した状態にはなく、寄生バエに寄生されていない健全なオオミノガの幼虫を発見することができた。現在、オオミノガとオオミノガヤドリバエは、ともに県内に生息している状況である。

ミノムシの変化は私たちの身の回りの自然環境の変化を示しているが、５年後の２０２１年にどのような状況になっているのか興味深いところである。

図12-1 オオミノガ

図12-2 チャミノガ

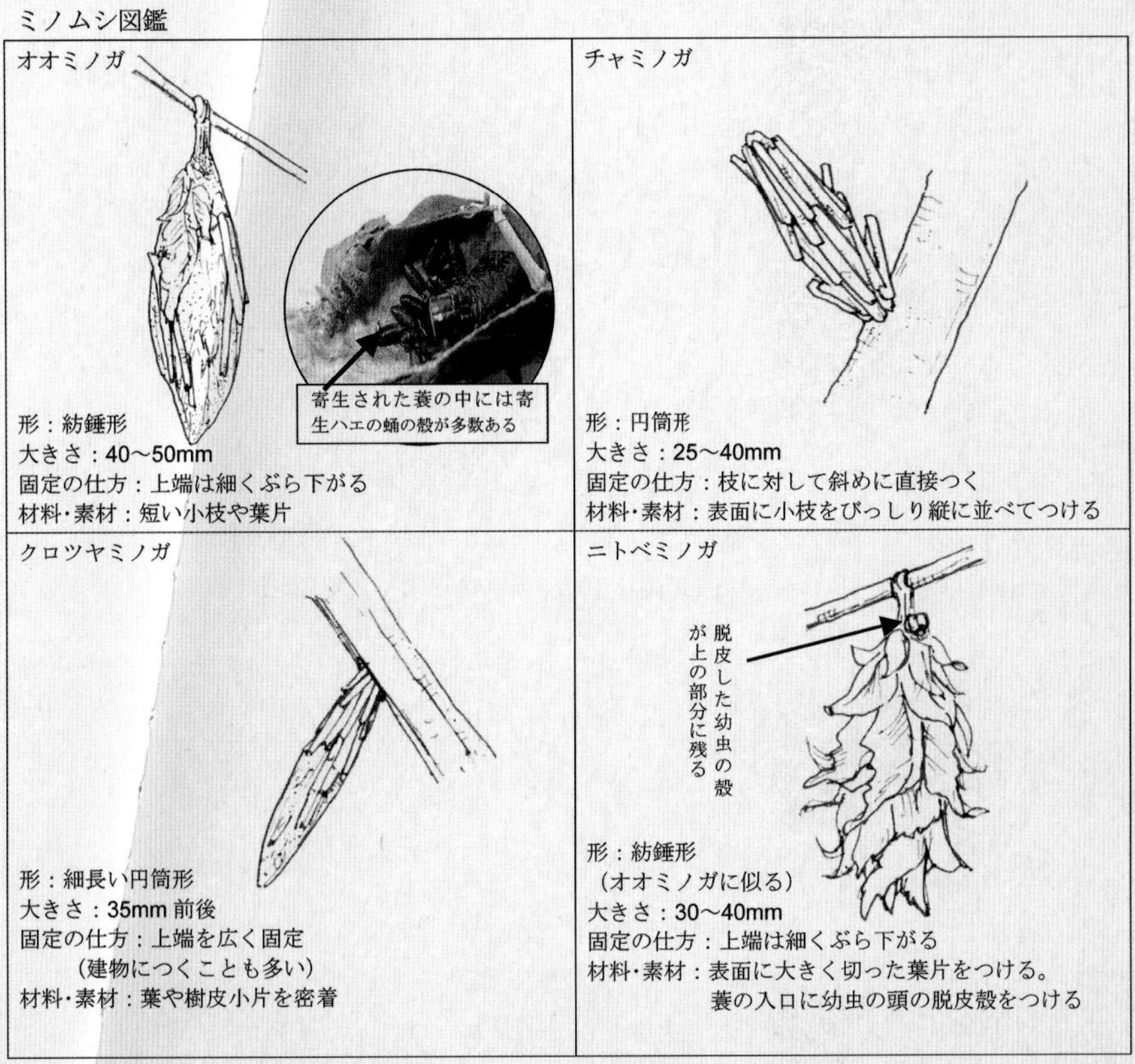

オオミノガ	チャミノガ
寄生された蓑の中には寄生ハエの蛹の殻が多数ある 形：紡錘形 大きさ：40〜50mm 固定の仕方：上端は細くぶら下がる 材料・素材：短い小枝や葉片	形：円筒形 大きさ：25〜40mm 固定の仕方：枝に対して斜めに直接つく 材料・素材：表面に小枝をびっしり縦に並べてつける
クロツヤミノガ	ニトベミノガ
形：細長い円筒形 大きさ：35mm前後 固定の仕方：上端を広く固定 　　　　　　（建物につくことも多い） 材料・素材：葉や樹皮小片を密着	脱皮した幼虫の殻が上の部分に残る 形：紡錘形 　　（オオミノガに似る） 大きさ：30〜40mm 固定の仕方：上端は細くぶら下がる 材料・素材：表面に大きく切った葉片をつける。 　　　　　　蓑の入口に幼虫の頭の脱皮殻をつける

図12-3 **ミノムシ図鑑**

杉野（2011）より引用

13 近年、絶滅した昆虫

残念なことに現在県内で絶滅したとされている昆虫がいる。ゲンゴロウとシャープゲンゴロウモドキである（図13－1、2）。『滋賀県で大切にすべき野生生物―滋賀県レッドデータブック2015年版―』において絶滅種として選定されている。

これらは1920年～1930年にかけて滋賀県に普通に生息していた。しかし、2000年代以降、生息状況を把握するために記録地周辺を含む県内全域において複数回調査を行ったが、再確認されなかった。そのため、県の選定基準に従って絶滅種とされている。2つの種は県内で記録が少なく、1990年代の大津市の丘陵地が最後の記録である。

ゲンゴロウとシャープゲンゴロウの2種の絶滅原因は、生息場所であるため池の埋め立てや管理放棄、護岸改修による植生の破壊、水田での農薬の施用、記録地周辺に多数生息するアメリカザリガニやウシガエルによる捕食であると考えられている。

ゲンゴロウは1930年代には県内に普通にいたことが文献から分かる。『近江博物同好会誌』は、1930年代の滋賀県の動植物に関する報告が掲載されている貴重な文献である。この文献の中の結城（1937）の報告で、ゲンゴロウは「最も普通種」と記述されている。また、滋賀県の植物学者である橋本忠太郎さんの植物標本が琵琶湖博物館に寄贈された際に、昆虫標本も数点一緒に寄贈された。そのなかに、破損しているがゲンゴロウの標本が1点ある。データラベルは、大正15年（1926年）滋賀県となっている。文献や標本から、ゲンゴロウ

図13-2
シャープゲンゴロウモドキ
（体長約30㎜）

図13-1 ゲンゴロウ
（体長約35㎜）

図13-4 オオミズスマシ
（体長約９㎜）

図13-3 ミズスマシ
（体長約６㎜）

は1920年から1930年にかけて、滋賀県には普通に生息していたようである。

滋賀県版レッドデータブック2015年版では、希少種のカテゴリーの種が2010年版の43種から65種に大幅に増加した。新規に12種が選定されているが、ミズスマシ類ではコオナガミズスマシ、ミズスマシ、コミズスマシ、ヒメミズスマシ、オオミズスマシの5種が選定されている（図13—3、4）。ミズスマシ類は、池などに棲み、くるくると円をえがいて水面を泳ぐ甲虫の仲間である。5種のうちコオナガミズスマシ、ミズスマシは、環境省レッドリストにおいても絶滅危惧II類に選定されている。全国で近年激減している昆虫である。

このうち、ミズスマシは県内において、かつては平野部を含む地域に広く分布していたと考えられるが、現在の生息地は丘陵地や山間部に限られている。県内で個体数の多い生息場所は、丘陵地が豊かなため池であるため、このような環境の維持が本種の保全に有効だと考えられている。このように、県内においてかつては普通に見られた水生昆虫類の減少が近年著しい。そのため、生息環境の保全が必要となっている。

14 180万年前に生息していた昆虫と古環境

私達の周りで今現在見られる昆虫は、人間活動の影響を大きく受けている。分布の拡大や減少、絶滅など人間がいなければ本来起こらなかったことかもしれない。では、人間がまだ住みついていない時代の昆虫はどのようなものだったのだろうか？

琵琶湖のまわりには、古琵琶湖層群という鮮新世から更新世までの時代の地層（約４４０万〜約40万年前）がある。この時代の琵琶湖とそのまわりには人がまだ住んでいない。その地層にある生き物の化石を調べることで、過去にどのような生き物が琵琶湖とそのまわりに棲んでいたのかが分かる。

昆虫化石は小さいため見落とされることも多く、古琵琶湖層群からの昆虫化石の報告は少ない。多賀《たが》町四手《しで》で古代ゾウ発掘プロジェクトの調査が行われるまで古琵琶湖層群からの昆虫化石の報告は、わずか5例に過ぎなかった。この発掘プロジェクトは２０１３年に始まり、毎年調査が行われている。これまで第6次発掘調査まで行われているが、この調査で多くの昆虫化石が発掘された。多賀町四手の地層は、蒲生層上部から草津層下部にかけての層準にあたり、火山灰の対比から約１８０万〜１９０万年前と推測されている。

共同研究者である林成多《まさかず》さん（公益財団法人ホシザキグリーン財団）と多賀町四手の古琵琶湖層群の地層から産出した昆虫化石計２６８点を調べたところ、これらの化石がオサムシ科、ゲンゴロウ科、ハムシ科、コメツキムシ科、ゾウムシ科に属する甲虫の仲間で構成されることが分かった。これらの化石のうち6つの分類群は、古琵琶湖層群から初めて確認されたものであった。

特にアオヘリネクイハムシに比較される種が92点と非常に多く産出していた（図14－1、2）。現生のアオヘリネクイハムシの生態から、浮葉植物が生えるような水域があったことなど当時の古環境が分かった。旧北区に広く分布する現生種のアオヘリネクイハムシに比較されるネクイハムシ属の一種は、日本では絶滅した種である。絶滅の原因については、はっきりとは分からないが、中期更新世以降は特に氷河性の気候変動が大きくなったので、そういうことも絶滅の原因となったかもしれない。

昆虫化石の研究については、林さんと大分県で中学校の先生をされていた北林栄一さんと一緒に、古琵琶湖層群と同時代の大分県安心院《あじむ》盆地の津房川層をはじめ、大分県の大山町の大山層、熊本県益城《ましき》町の津森層、大分県杵築《きつき》市の平原層、熊本市河内町（現西区）の芳野層、鹿児島県吉松町（現湧水《ゆうすい》町）の溝園層などから産出した昆虫化石を調べ論文にした。鮮新世や更新世の時代には、日本から絶滅した昆虫がいることなど、多くの日本の昆虫の生物地理に関する重要な知見が得られた。昆虫化石研究については、琵琶湖博物館に来るまで、まったく関わりはなかったが、琵琶湖博物館に来て古琵琶湖層群や九州地方で発掘された昆虫化石を分析する機会に恵まれた。そして、少しではあるが数百万年という時間軸を考えることができたのである。

図14-1
アオヘリネクイハムシに比較される種の右上翅（化石）

図14-2
アオヘリネクイハムシに比較される種の前胸背板（化石）

図14-3
コメツキムシ科上翅（化石）

図14-4 ゾウムシ科前胸背板（化石）

15 鮮新世後期に日本から絶滅した昆虫

２０１６年に琵琶湖博物館のはしかけグループ「古琵琶湖発掘調査隊」の一人、杉山國雄さんがグリーン色に輝く大きな昆虫の翅《はね》の化石を研究室に持ってきた（図15—１）。鮮新世後期の古琵琶湖層群甲賀《こうか》層（約２６０万年前）から産出したもので、湖南市吉永の野洲川河床《かしょう》で見つけたものであった（図15—２）。最初にこの化石を見た時、私はその鮮やかなグリーン色からタマムシの翅《はね》の化石ではないかと思った。しかし、そうではなかった。共同研究者の林成多さんと調べていくうちに、どうやらカタビロオサムシの仲間ではないかということになり、この化石を詳細に調べることになったのである。

Calosoma of the world という世界のカタビロオサムシを紹介しているホームページがあるが、林さんがその中の北米産の種 *Calosoma calidum* に近いと言うのである。確かに形態は似ているが、正確に同定するために現生種と化石を比較する必要がある。知り合いの東京在住のアマチュアのオサムシ研究者の荒井充朗《みつろう》さんに聞いたところ、本種の現生種の標本を持っているとのことであった（図15—３）。荒井さんとは、滋賀県のオサムシの分布に関する共同研究のころからの知り合いである。標本をお借りして、化石と比較したところ、翅間室《しかんしつ》および孔点の形状等が現生種のなかでは *Calosoma* (*Chrysostigma*) *calidum* に最も似ていると判断された。ただ、交尾器などオサムシの種類を決定づける形質が見つかっていないことから、本種であると断定できないので、論文の査読者の意見も取り入れて *Calosoma* (s. lat) aff. *calidum* として記載

図15-3
Calosoma calidum（現生種）

図15-1 カタビロオサムシ属の一種の上翅（化石）
（撮影：林成多）

図15-2 化石を発見した場所（湖南市吉永の野洲川河床）
（撮影：杉山國雄）

するとともに、他のオサムシ化石の産出記録をレビューし、論文にまとめた。

Calosoma calidum は、現在では北米大陸のカナダ南部からアメリカ合衆国北東部にかけての地域に分布しており、我が国およびその周辺地域からは知られていない。現在の日本には、本化石に似た種は分布していないため、その後なんらかの理由で日本では絶滅したものと考えられる。本化石の発見は、鮮新世後期におけるオサムシ類の分布や成り立ちと、現代に至るまでの変遷を考察するうえで重要なものと言えるのである。

古琵琶湖層群の昆虫化石研究は、始まったばかりである。今後の研究として、現生種がどこまで遡《さかのぼ》れるのかがおもしろいテーマである。現生種については、これまで古琵琶湖層群甲賀層（約260万年前）から、アキミズクサハムシ、オオミズクサハムシ、フトネクイハムシ亜属の一種が産出している。つまり、現生種は約260万年前に遡れるに過ぎない。

古琵琶湖層群には堅田《かたた》層、草津《くさつ》層、蒲生《がもう》層、阿山《あやま》層、上野《うえの》層など各時代の地層がある。層準の明確な地層から保存状態のよい化石を見つけ、正確に名前を調べることで、現生種がどこまで遡れるのかについて、そして古琵琶湖層群の昆虫の変遷がより詳細に分かるようになるだろう。

16 過去の滋賀県のチョウ相が分かる布藤コレクション

寄贈された多くの標本から、過去の昆虫相を読み取ることもできる。琵琶湖博物館は、琵琶湖に関する総合博物館で、博物館のテーマである「湖と人間」あるいは「琵琶湖とその集水域および淀川流域」に関係するか、その全体的評価にかかわる資料を収集している。資料の収集の方法としては、採集、購入、製作、交換、寄贈・寄託などがある。資料の収集は、学芸職員が自ら行うだけでなく、関係機関、当該分野の専門家、そして県民など多くの人びととの協力によって進められている。

博物館のコレクションを充実させるためには、収集方針に従って積極的に寄贈や寄託を受け入れることも必要である。これまで昆虫標本の大型の寄贈資料としては、村山修一蝶類コレクション、宮田彬《あきら》九重《くじゅう》山系昆虫コレクション、布藤《ふとう》美之《みゆき》蝶類コレクションなどがある。また、寄託資料としては、トンボ研究会の滋賀県および日本産トンボ類コレクション、藤本勝行《かつゆき》オサムシ類コレクションがある。これらのコレクションが琵琶湖博物館の昆虫標本コレクションの骨格となっている。

寄贈されたコレクションのうち、布藤美之蝶類コレクションは過去の滋賀県の昆虫相の様子を示す重要なコレクションである。2017年3月に彦根市在住の布藤美之さんから琵琶湖博物館へ、昆虫標本2万5786点（ドイツ型標本箱360箱）の寄贈があった。布藤さんは、滋賀県の特にチョウ類研究の第一人者である。ご高齢であるため、寄贈を申し出られた。この標本は滋賀県最大級の昆虫コレクションであり、布藤さんが1950年代から現在にかけて滋賀県などで採集や交換、購入、飼育した日本産チョウ類、および外国で採集したチョウ類が中心となっている。

このコレクションには、重要な標本が含まれている。例えば、ギフチョウ、クロヒカゲモドキ、ツマグロキチョウなどは、宅地開発や環境改変のため現在では採集が難しくなった種である（図16―2、3、4）。これらの標本を含む日本産昆虫標本は、443種、1万7573点。布藤さんが1950年代から1960年代にかけて滋賀県や日本各地で採集したものである。

これらの標本は1950年代から1960年代の滋賀県の昆虫相の様子を示す、さらには琵琶湖とそのまわりの昆虫相の成立過程を解明するための、基礎資料として利活用できる数少ない重要な標本である。また、外国産の標本は熱帯地方の昆虫を多く含んでおり、展示や教育普及の材料として利用価値が高い。さらに、これらの標本のほとんどが寄贈者自身の手による採集であるため、学術的価値が高い。

布藤コレクションは、標本の整理、登録作業が終了後、データベースの公開を行い、利用しやすいようにしたいと考えている。また、企画展示などで公開し、コレクションの価値を一般の人たちに伝えたいと考えている。

図16-1 布藤コレクションの一部（オオムラサキ）

図16-2 布藤コレクションの一部（ギフチョウ）

図16-3 クロヒカゲモドキ

図16-4 ツマグロキチョウ

【コラム】博物館のまわりの気になる昆虫

琵琶湖博物館がある烏丸《からすま》半島が以前は、琵琶湖に突き出した真珠の養殖場であったのをご存じだろうか。1996年に開館した当時、木々は植栽されたばかりでまだまだ小さく、博物館のまわりには昆虫がほとんどいなかった。開館翌年の夏にセミが1匹も鳴いていないのには驚かされた。しかし3年目ぐらいからセミが鳴きだし、残業していると窓辺の光にノコギリクワガタが飛んでくるようになった。湖岸の周りにはヤナギの木や街路樹があり、木々を伝って昆虫が集まってきたのだろう。今では夏にアブラゼミやクマゼミ、ツクツクボウシのうるさいくらいの鳴き声を聞くようになった。クヌギの樹液にはシロテンハナムグリが群がり、カブトムシも館内の森で幼虫が見られる。時間とともに開館当時とは、昆虫も様変わりしているようだ。

2019年の第2期リニューアルで博物館の野外に樹冠トレイルが新設された。琵琶湖博物館の野外展示の森のなかをめぐる空中遊歩道である。琵琶湖の目の前に広がる展望デッキや森の生き物を観察できる森のトレイルがある。樹冠部分の生き物を観察できる新たなスポットとして活用されるのを期待している。

ここでは私が博物館のまわりで見たおもしろい生態や、奇妙な形をもっている昆虫を紹介する。

＊初雪を告げるユキムシ

11月下旬から12月にかけて、琵琶湖博物館のまわりでは、ふわふわと綿《わた》のようなものが飛んでいるのを見かける。この昆虫はワタムシ類で、カメムシ目、アブラムシ科に属する。北海道では、トドノネオオワタムシという種類がいて、10月から12月ごろ、空中を飛んでいる姿が見かけられる。雪が舞っているように見えることや、この昆虫の群飛の後には、雪が降ることから、冬の到来を告げる昆虫「ユキムシ」と呼ばれる。

白い綿のように見えるのは、ロウのような分泌物で、この昆虫が地上にいるときに水や天敵から身を守るためと、空を飛ぶときにふわふわと漂いやすくするためにあると言われている。雪の降る時期に目立ちはじめるのは、夏の間に過ごした一次寄主の樹木からすみかを二次寄主の樹木に移る習性があるためである。種類によって寄主植物は異なる。

ワタムシは、歴史小説『天平《てんぴょう》の甍《いらか》』などで知られる井上靖の自伝的長編小説『しろばんば』のタイトルになっている昆虫である。

「(中略) 夕方になると、決まって村の子供たちは口々に〝しろばんば、しろばんば〟と叫びながら、家の前の街道をあっちに走ったり、こっちに走ったりしながら、夕闇のたちこめ始めた空間を綿屑でも舞っているように浮遊している白い小さい生きものを追いかけて遊んだ。」

よほど印象深かったのか、井上靖は、幼少時代の夕方に綿のように浮かんで飛ぶこの昆虫の光景を書いている。東北地方では、子供たちがユキムシを追いかけて、口で捕らえて、かすかな甘みを楽しむ遊びがあるという。これは体内に甘露《かんろ》（糖分を多く含んだ液）があるためである。

『俳句歳時記』は、俳句を読む人にとっては欠かせない俳句の季語、季題をまとめた本で、いろいろな種類が書店には並んでいる。すでに亡くなった私の両親は俳句を詠むのを好んでいたが、いつも傍らにこの本を置いていた。冬の項を見るとこの「綿虫《わたむし》」が掲載されている。昔から俳句で詠まれている昆虫であることが伺《うかが》える。春は蝶《ちょう》、夏は蝉《せみ》、秋は鳴く虫というように季節の風物詩となる昆虫はいくつかあるが、この昆虫は冬の風物詩なのである。

この昆虫の正体がはっきり分かったのが２００５年の11月下旬ごろだったと思う。琵琶湖博物館のまわりでふわふわと白い飛ぶ昆虫を見つけて、まわりの木を探したところ、ヒイラギの木の上にいるのを見つけた。この昆虫をワタムシ類が専門の立正大学の青木重幸さんに同定してもらったところ、ヒイラギハマキワタムシの近似種であることが分かった（図1）。

ヒイラギワタムシは、ヒイラギモクセイを寄主植物としている。実際にこの昆虫が飛んだ後に雪が降った記憶があるから驚いた。暖かい九州で育った私は、滋賀県に来るまでそのような昆虫を見たこともなければ聞いたこともなく、滋賀県が雪深い県であることを改めて実感したものである。

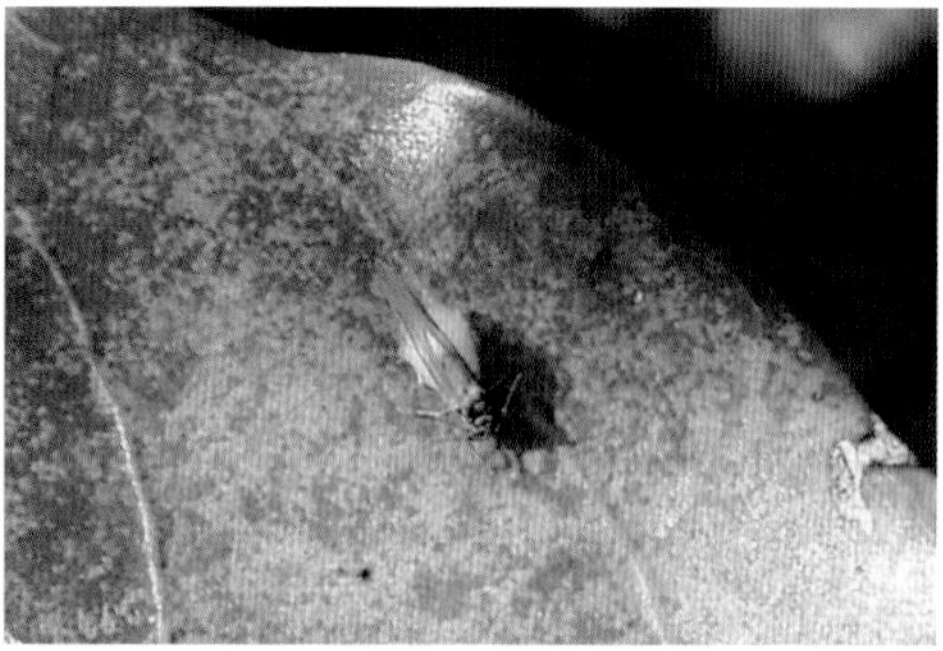

図1 ヒイラギハマキワタムシの近似種

＊やっかいもの？ ビワコムシ

琵琶湖の南湖の湖岸でときおり大発生して、マンションや家の壁や窓に飛来するため、新聞をにぎわすのが「ビワコムシ」である。これは、秋に出現するアカムシユスリカ（図2）、春と秋の2回出現するオオユスリカの通称である。琵琶湖博物館の建物のガラスに驚くほど飛来しているのを目にすることもある。

ユスリカの仲間はカと名前がついているが、血は吸わない。カはカ科に属するが、ユスリカは、別の科であるユスリカ科に属する。日本では約200種、琵琶湖では171種が確認されており、幼虫は、湖底の泥の中に生息し、植物プランクトンなどが少しずつ堆積してできた有機物を食べる。琵琶湖の底生動物として生態系の中で重要な役割を果たしている。成虫の触角が櫛《くし》状に広がっているのがオス、細いのがメスである。幼虫は、いわゆる赤虫と呼ばれるもので、釣りの餌や熱帯魚の餌になっているだけでなく、魚やヤゴ（トンボの幼虫）など多くの動物の餌になっている。また、成虫は鳥やコウモリ類の餌にもなっ

図2 アカムシユスリカ（撮影：桝永一宏）

ている。

酸素が少ないと普通の生き物は死んでしまうが、大量のヘモグロビンを身体に蓄えることができて生き残ることができる。ものすごい能力を持っていることから、2017年に実施された琵琶湖博物館第25回企画展示「小さな淡水生物の素敵な旅」のスーパーヒーローのコーナーでも紹介された。

ビワコムシは、ときおり大発生し、その要因が推測されるが、よく分かっていないようである。1970年代後半からアカムシユスリカやオオユスリカの成虫が大量に飛来していたが、2000年代からこれらの種の飛来数は少なくなる。井上（1998）によると、近年は水草が増えたため植物プランクトンが減り、幼虫の餌が減ったことが減少の理由と考えられている。しかし、近年でも変動があるようである。ユスリカの変化は、琵琶湖の環境の変化を示しているのかもしれない。

＊シナノキに見られる奇妙な形の昆虫

琵琶湖博物館の通用口の近くに数本のシナノキがある。毎年、6月上旬ごろになると決まって、葉の上にタケウチトゲアワフキがとまっている（図3）。

この昆虫は、カメムシ目トゲアワフキムシ科に属し、大きくはセミなどと同じ仲間である。一般にアワフキムシの仲間の幼虫は、白い泡を分泌しその中で生活するのだが、この幼虫の習性はちょっと変わっていて、枝を巻きこむように石灰質の筒型の巣を作り、中は泡のような液がつまっている（図4）。巣は外敵から身を守り、泡液は乾燥から身を守っている。

近くのソメイヨシノ、シダレザクラには、もう一つのトゲアワフキムシ科のムネアカアワフキがいて、成虫は5月頃に羽化する。アワフキの仲間の幼虫は、種類によって寄主植物が異なるため、毎年、決まった時期に決まった場所に現れるのである。

私がタケウチトゲアワフキを取り上げたのには、もう一つの理由がある。それは成虫が驚くべき形態を持っているからである。頭部の下に小楯板《しょうじゅんばん》と呼ばれる部分があるが、この部分が長く後方に伸長し、先が突出しとげ状になる。もう少し大きければ、カブトムシに匹敵する人気のある昆虫になっていたに違いない。

新保《しんぼ》（1971）の坂田郡米原《まいはら》町（現米原《まいばら》市）の霊仙《りょうぜん》山で記録があり、山地性の昆虫であろうと思われていたが、大阪市立自然史博物館で元館長をされていた宮武頼夫さんと同館主任学芸員の初宿成彦さんがマキノ町から南下しながら調査した際、平地でもシナノキがあればどこでもいたそうである。この昆虫が博物館で毎年同じ時期に見られるのは、植栽した木について移動してきて、この場所で繁殖しているためと考えられる。

図3

タケウチトゲアワフキ成虫

（イラスト：杉野由佳）

図4

タケウチトゲアワフキ幼虫の巣

（イラスト：杉野由佳）

第3章　昆虫の分布と暮らし

17 長距離移動するアサギマダラ

昆虫は小さく、あまり遠くまで移動できないというイメージではないだろうか。そのイメージが覆《くつがえ》される、渡り鳥のように何百kmと長距離移動する昆虫がいる。アサギマダラ（タテハチョウ科）は、水色の翅を持つ美しい大型のチョウである（図17―1）。他のチョウと異なりふわふわと優雅に飛ぶ。アサギマダラの幼虫の食草は、キョウチクトウ科のキジョラン、ツクシガシワ、イケマ、ツルモウリンカで、成虫が吸蜜する植物は、ヒヨドリバナ、ヨツバヒヨドリ、オタカラコウ、ツワブキ、ミズヒマワリなどである。春は南から北へ、秋には北から南へ何百km以上も長距離移動する蝶として有名である。

1980年に鹿児島で始まったマーキング調査で、長距離移動することが分かった。チョウのマーキングは、後翅《こうし》の裏面に油性ペンでマーク地点の略号と日にち、自分の氏名の略号と通し番号を記入する。このマークをつけた個体が、他の地域で見つかると、その個体がどれくらいの距離をどのルートで飛んだかが分かるのである。

1983年に大阪市立自然史博物館の学芸員であった故・日浦勇《ひうらいさむ》さんの呼びかけで「大阪のアサギマダラの会」が発足する。大阪以外の会員も増えてきたことから、1990年より「アサギマダラを調べる会」と名前が変わり、現在では単に「アサギマダラの会」となっている。マーキング調査は、自分のマーキングした個体がどこか遠く離れた場所で見つかるというロマンの

図17-1 アサギマダラ（撮影：高石清治）

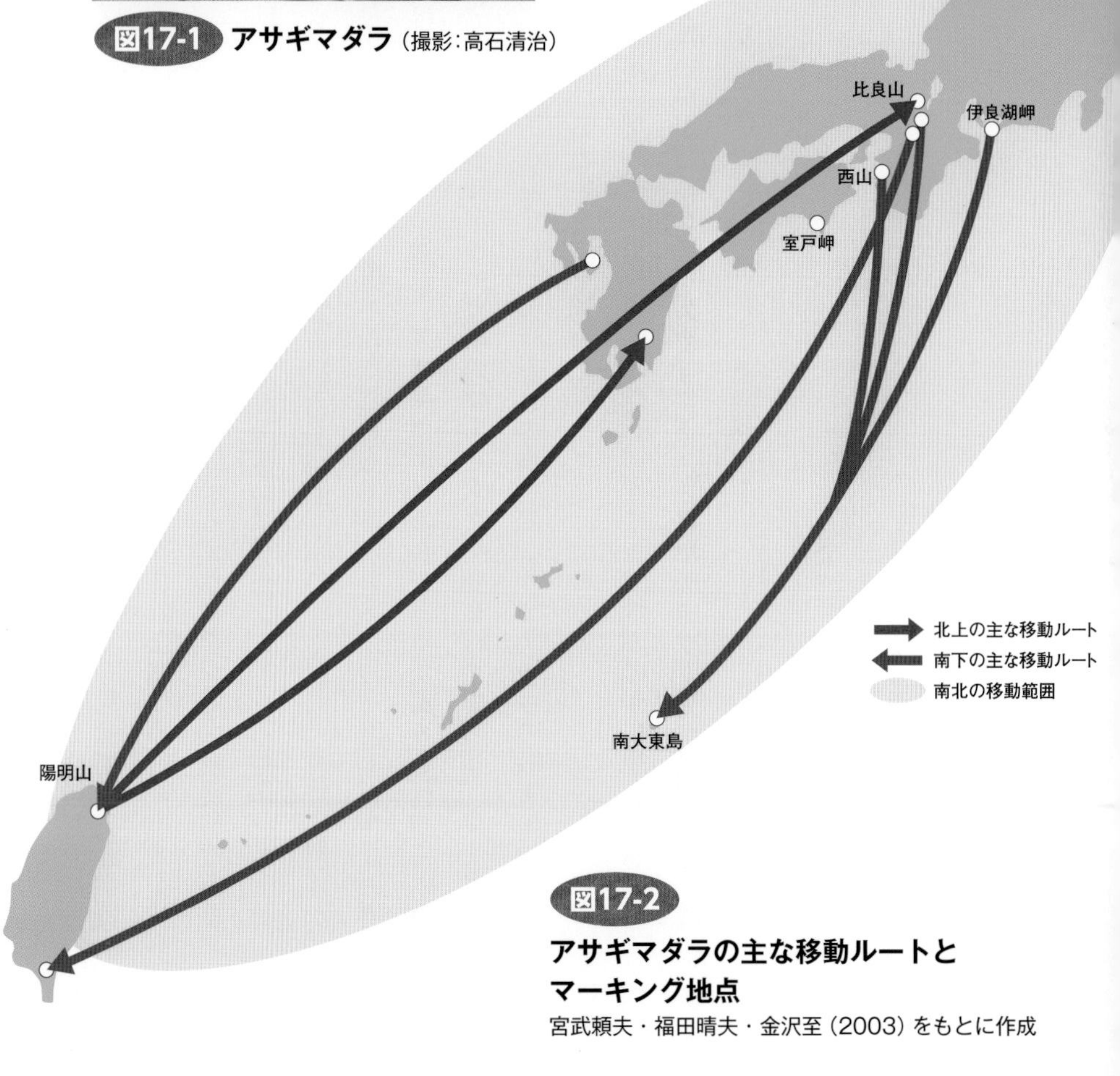

図17-2
アサギマダラの主な移動ルートとマーキング地点
宮武頼夫・福田晴夫・金沢至（2003）をもとに作成

ある調査である。そういうことから、日本各地の同好会や同好者に広がりを見せて、生涯学習にまで発展している。現在では、インターネットの普及で、マークされた個体の情報をメーリングリストで発信したら、どこでマークされたかがすぐに分かるようになって大変便利である。

びわ湖バレイがある打見山《うちみ》（大津市、標高１１０８ｍ）は、有名なマーキング調査の場所となっている。２０００年６月26日に台湾の台北市にある陽明山でマーキングされた個体が、２０００年８月４日に比良《ひら》山スキー場で再捕獲されたこともあるというから、驚くべき長距離飛行である（図17―２）。毎年、８月の第一週に、アサギマダラの会の方々が調査を行っている。同じ時期にフィールドレポーター調査でアキアカネのマーキング調査を行っており、交流することもある。アサギマダラの会の方の話では、最近シカの食害によってチョウの吸蜜植物が減少して、チョウが少なくなっているという話を聞いた。

皆さんもこのふわふわと飛ぶ大型のチョウを見かけたら、どこまで飛ぶのかに思いをはせて、マーキング調査に参加してはいかがだろうか。よそでマークされたチョウが見つかるなど、思わぬ発見があるかもしれない。

18 避暑のため山に登るアキアカネ

アサギマダラの他にも平地と山地を移動する昆虫がいる。アカトンボと呼ばれているトンボはトンボ科アカネ属の仲間で、日本に約30種いる。アカトンボの代表的な種類がアキアカネである（図18—1）。吉田ら（1998）によると、滋賀県内では、成熟成虫は、おもに平地から丘陵《きゅうりょう》地にかけての池や沼・湿地・水田などで発生する。6～7月に羽化し、その後、ときおり大集団を形成するなどして、山麓から県境をとりまく1000m前後の準平原地形を残す山地稜線《りょうせん》部にいたるまで移動し、盛夏の頃には平野部にはほとんど見られなくなるという。

この盛夏に山に登る行動は、避暑行動であるとされている。琵琶湖のまわりでは、比良山地と鈴鹿山脈の頂上付近で盛夏にトンボが多く見られる。アキアカネは、夏に山に登り、秋に里に下りるが、その移動距離を調べるために行われるのがマーキング調査で、トンボ研究者の間でも関心を持たれている方法である。

アキアカネのマーキング調査については、三重県「ございしょ自然学校」の御在所《ございしょ》岳における調査で、避暑旅行が半径約80㎞に及ぶことが知られている。びわ湖バレイがある打見山の山頂では、夏に毎年アキアカネの乱舞が見られるが、どこから来たのか、そして、どこへ帰って行くのかは明らかになっていない。

フィールドレポーターでは、2008年から毎年（2012年は雨で中止）打見山のアキアカネの翅にマークして、移動距離を調べている（図18—4、5）。秋にマーキング個体を大津市の

図18-1 **アキアカネ**（撮影：新保建志）

伊香立《いかだち》周辺などで調べているが、残念ながら1匹も見つかっていない。この調査は毎年続いていて、打見山にあがってアキアカネにマーキングするのが夏の恒例行事となっている。

これまでマーキング個体は見つかっていないが、長年続けているとおもしろい発見もあった。夏に打見山でマーキングした個体はメスが多いということである。トンボ研究会の村木明雄さんを通じて、アキアカネに詳しい新井裕《ゆたか》さんにその理由をお聞きした。「本種の性比は1対1で生まれるが、場所によって性比が異なる。平地に戻った成熟個体ではとくに比率が偏《かたよ》るようである。成熟個体ではとくに比率が偏るようである。水辺、草はら、ねぐら、成熟、未熟、山と平地、時刻などさまざまな条件での性比を比較しないと偏りの原因はわからないと思う」とのことであった。つまりは、よく分かっていないとのことである。アキアカネのようなよく知られている普通種でも、行動範囲や性比など、分かっ

図18-2 ノシメトンボ（撮影：河瀬直幹）

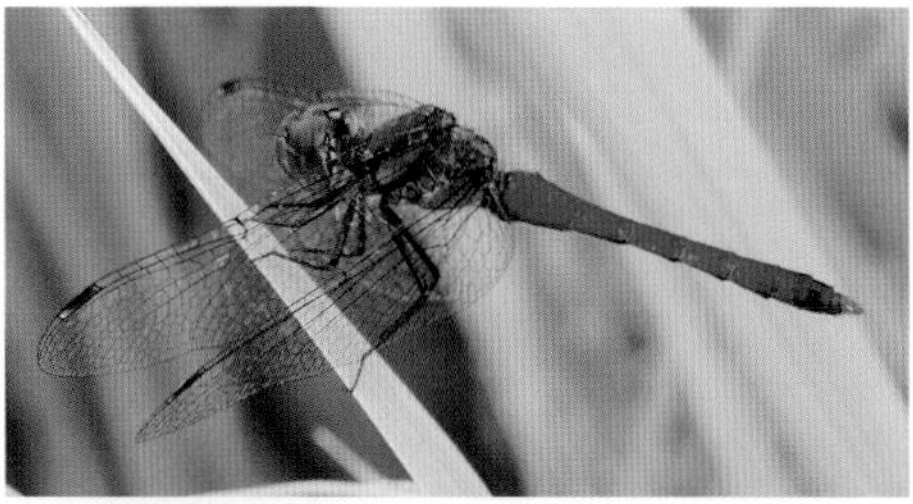

図18-3 ナツアカネ（撮影：新保建志）

図18-4 アキアカネマーキング調査の様子

図18-5 アキアカネのマーキング

ていないことが多く残されているのだなと思った。新井さんから、フィールドレポーター調査のような高地での調査で、個体数が4桁の調査は誰もやっていないので、どこかに公表してはどうかと勧められた。そのようなわけで、フィールドレポータースタッフである椛島昭紘さんが、8年間のデータをまとめてフィールドレポーター掲示板に投稿したのである（表18―1）。長いこと続けているからこそ新しい発見ができることの一例かもしれない。

表18-1　アキアカネマーキング調査のオス・メス比率

椛島（2018）より引用

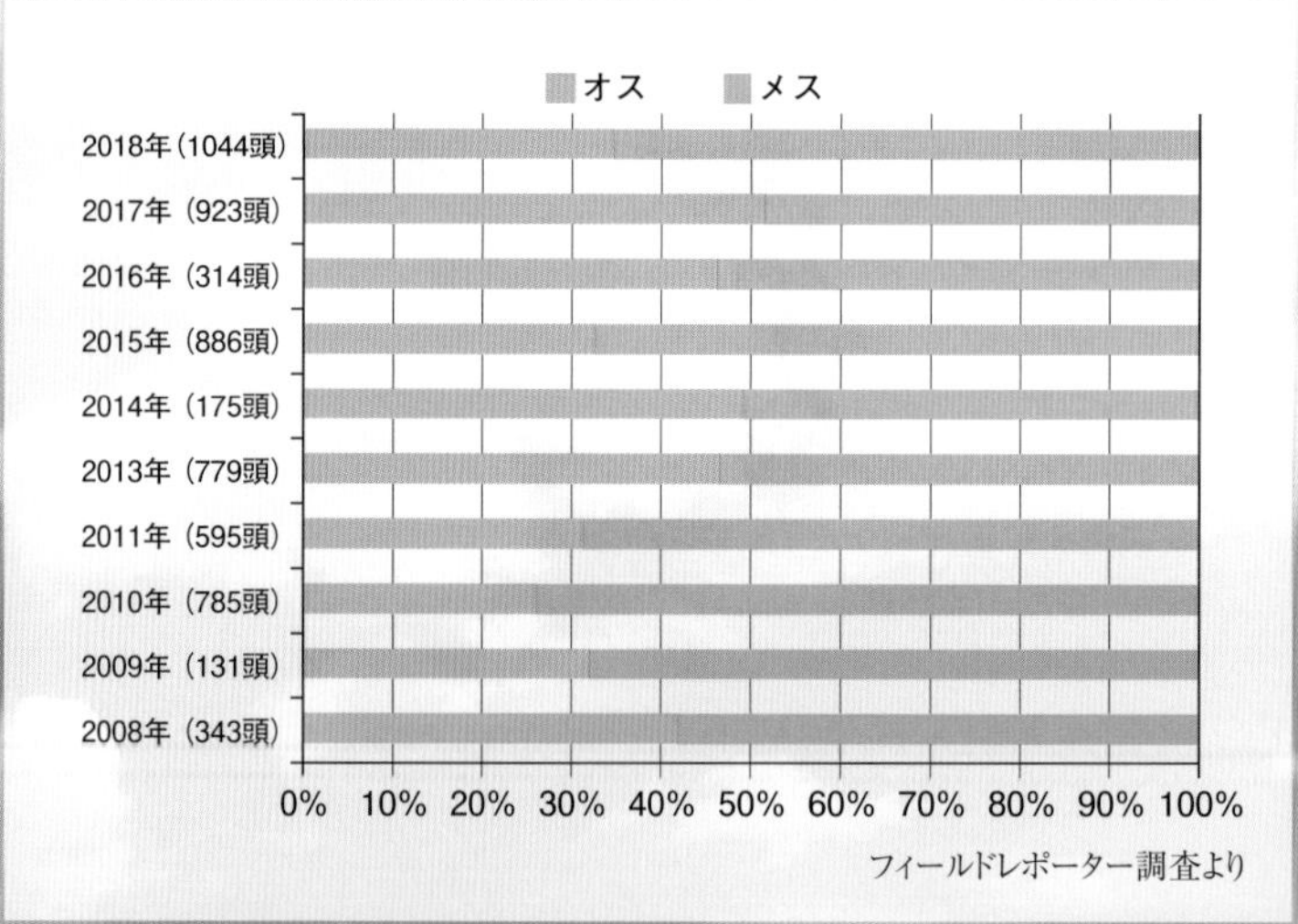

19 湖岸砂浜をすみかにする昆虫たち

琵琶湖は日本最大の湖であり、その周辺の湖岸には独特の景観が広がっている。その一つが砂浜である。湖西では、真野《まの》川河口から知内《ちない》浜あたりまで連続的にあり、湖東では近江八幡《おうみはちまん》付近の岩礁湖岸を除いて、野洲川から長浜市付近まで広く存在している。このように広大な砂浜を内陸部で持っているのは、日本では琵琶湖のみで、そこには多様な昆虫が棲んでいる。初宿（1997）は、琵琶湖岸砂浜の甲虫の調査を行い、15科89種を報告し、琵琶湖岸砂浜の甲虫の多様性を明らかにした。

私は絶滅危惧種の昆虫の調査のため湖岸の砂浜に行くことがある。湖岸砂浜に打ち上げられた藻や木材などの漂着物をめくると、ゴミムシ類、ハネカクシ類、ゴミムシダマシ類など多くの昆虫が動くのを確認できる。ゴミムシ類など捕食性の甲虫は、藻の下などにいるトビムシなどの小昆虫を食べている。

このように湖岸砂浜は多様な昆虫が生息している場所であるが、絶滅危惧種が生息している場所でもある。カワラハンミョウがその一つである（図19―1）。カワラハンミョウは、海《かい》浜《ひん》性の昆虫で北海道から九州に分布しているが、近年全国的に減少している昆虫である。2002年に日本甲虫学会の山本雅則さんによって、琵琶湖北湖湖岸に分布が初めて確認された種である。琵琶湖・淀川水系における現存する唯一の個体群として非常に貴重である。

本種は、全国的に河川改修や護岸工事によって生息地となる河原や砂浜が減少するのが原因で、個体数が激減している。琵琶湖北湖湖岸の個体群は、マニアによる乱獲の危険性があるため、２００７年に指定希少野生動植物種に指定され、２００９年に滋賀県が条例で採集禁止にしていることを示す看板を砂浜入り口に立てるなど対策をとってきた（図19―３）。

２００８年から滋賀県生きもの総合調査の昆虫類部会で本種の成虫の個体数を調べているが、大変深刻な状況である。２０１２年の成虫１匹を最後に、２０１５年まで１匹も見つからず、２０１６年に４年ぶりの成虫１匹に加え、幼虫巣穴２、幼虫２匹を確認したのがやっとである。そのため、滋賀県においては、他県の事例や取り組みから有効策を選択し、着実に保全を目指すことが必要である。

琵琶湖岸には海浜性の植物が分布していることも知られている。琵琶湖博物館の学芸員である大槻達郎《おおつきたつお》さんは、ＤＮＡの塩基配列から絶滅危惧種のハマエンドウの集団動態の歴史を調べており、比較的近年に琵琶湖集団と海浜集団は遺伝的に分化したと推測している。また、大槻さんは、ハマエンドウの種が地面に落ちる時期にゴミムシダマシの仲間が多く見られることを不思議に思い、ハマエンドウの種を入れてこの虫を飼育したところ、湿った環境ではこの甲虫が種皮をかじり、この種が発芽することを確認した。この結果から、この虫がハマエンドウの種子更新に関係しているのではないかと研究を進めている。絶滅危惧種であるハマエンドウの保全に、昆虫が関係しているという興味深いもので、今後の研究が楽しみである。

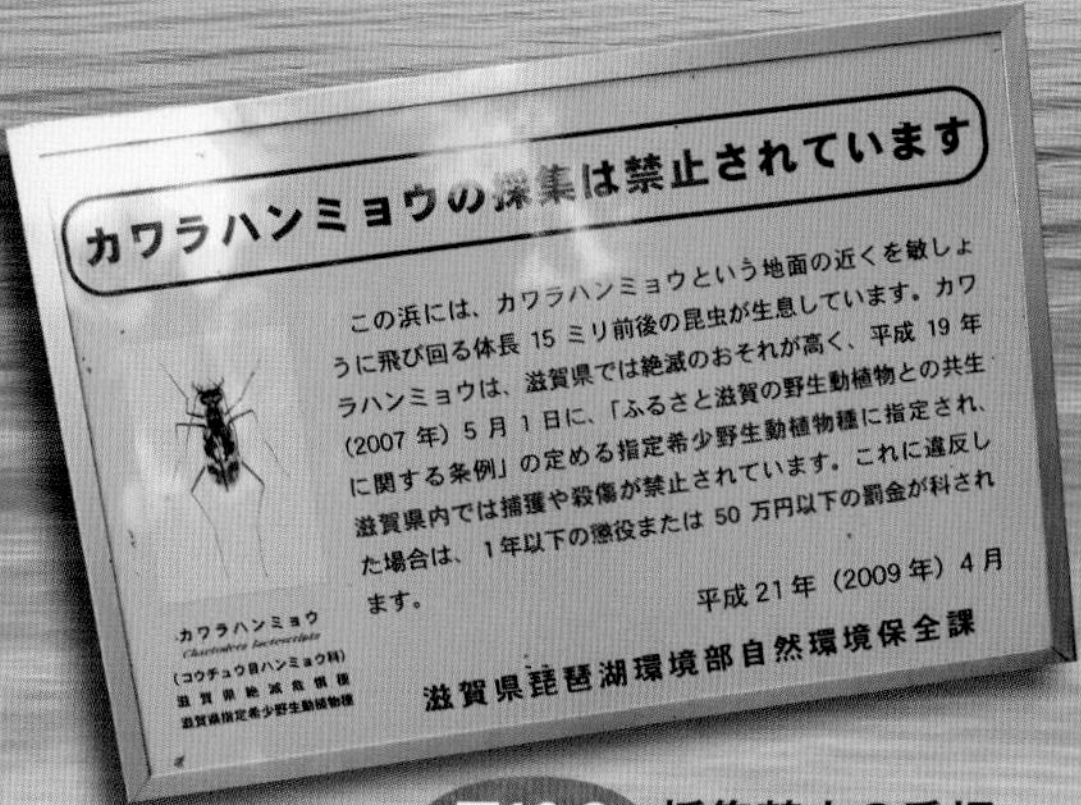
カワラハンミョウの採集は禁止されています
この浜には、カワラハンミョウという地面の近くを敏しょ
うに飛び回る体長 15 ミリ前後の昆虫が生息しています。カワ
ラハンミョウは、滋賀県では絶滅のおそれが高く、平成 19 年
(2007 年) 5 月 1 日に、「ふるさと滋賀の野生動植物との共生
に関する条例」の定める指定希少野生動植物種に指定され、
滋賀県内では捕獲や殺傷が禁止されています。これに違反し
た場合は、1年以下の懲役または 50 万円以下の罰金が科され
ます。
平成 21 年 (2009 年) 4 月
滋賀県琵琶湖環境部自然環境保全課
カワラハンミョウ
(コウチュウ目ハンミョウ科)
滋賀県絶滅危惧種
滋賀県指定希少野生動植物種

図19-3 採集禁止の看板

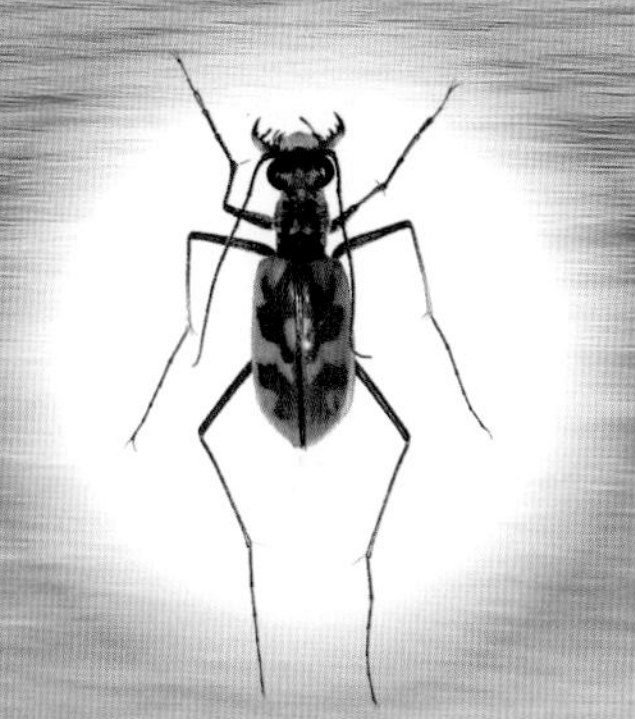

図19-1 カワラハンミョウ

図19-2 カワラハンミョウの生息地

20 ヨシ原の昆虫

砂浜の他にも琵琶湖の湖岸独特の景観としては、ヨシ原がある。ヨシ原は、魚類や鳥類の生息場所として機能していることはよく知られているが、多くの昆虫の生息場所ともなっている。ヨシを食べる食植性の昆虫としては、コバネナガカメムシがいる（図20―1）。この虫は、ヨシの葉鞘《ようしょう》（葉が茎を包む鞘《さや》状の部分）から汁を吸って、大発生することもある。カメムシ類の仲間では、イネノクロカメムシ、オオクロカメムシが見られる。その他の食植性の昆虫としては、ハマベアワフキ（図20―2）、ホシアワフキ、ヨシウンカ、ヒシウンカなどウンカ、ヨコバイの仲間が見られる。

ヨシの葉鞘の表面をはがすと、褐色の楕円形状のものが見つかる。これは、ビワコカタカイガラモドキである（図20―3）。脚《あし》が体表に隠れていて、楕円形の表面しか見えないので、とても昆虫のようには見えないが、れっきとした昆虫である。介殻《かいがら》をまとって、植物について生活するのでこの名前がついている。カイガラムシの仲間は、幼虫、成虫ともに長い口針で植物の汁液を吸うが、この虫は、ヨシに寄生し、時に葦簀《よしず》などに用いられたヨシから、孵化《ふか》幼虫が大量に発生して問題になることがあるという。カイガラモドキ科に属する本種は、最初に琵琶湖で見つかったことから、この名前がついたが、湖岸のヨシの生えている場所であればいたるところで見られる。琵琶湖だけなく、本州や九州にも広く見られる。

ヨシの葉を食べる昆虫としては、イチモンジセセリ、チャバネセセリの幼虫がある。これらの幼虫は、葉を巻いて巣を作る。捕食性の昆虫の代表はテントウムシの仲間である。ヨシ原には、ムナグロチャイロテントウ（図20－4）、クロスジチャイロテントウ、ジュウクホシテントウなど多くのテントウムシ類が生息している。ヨシの葉にはアブラムシ類がついているので、それらを捕食しているのだろう。ムナグロチャイロテントウは琵琶湖の姉川の河口に近い早崎《はやざき》内湖で初めて見つかった。

　ヨシ原の根元を探すと、頭胸部が長いチャバネクビナガゴミムシやメダカハネカクシ類、ヤマトヒメメダカカッコウムシなど甲虫が生息している。ゴミムシ類は捕食性の昆虫で小昆虫を食べている。アオヤンマは、おもに平地から丘陵地にかけてのヨシなどの抽水《ちゅうすい》植物が多生し、それが広い面積を占めるような泥深い池沼で見られることが多い（図20－5）。トンボも捕食性の昆虫でヨシ原にいる小昆虫を食べている。ヨシを食べる食植性の昆虫、食植性の昆虫を食べる捕食性の昆虫、さらにこれらの昆虫は鳥類に食べられるので、ヨシ原独自の生態系ができあがっているのである。

　琵琶湖博物館のC展示室「湖のいまと私たち～暮らしとつながる自然～」にヨシ原の展示がある。ここでは、ヨシ原の生き物やヨシを利用してきた人の暮らしが紹介されている。ヨシ原の生き物のデータベースがあり、そこにはヨシ原に棲む昆虫を含めた生き物がリストアップされている。ヨシ原にどういう生き物が生息しているのか、観察してはいかがだろうか。

図20-2 ハマベアワフキ

図20-1 コバネナガカメムシ

図20-3 ビワコカタカイガラモドキ

図20-4
ムナグロチャイロテントウ

図20-5 アオヤンマ（撮影：桝永一宏）

21 滋賀県は昆虫の分布の境界となる地域

長浜市など滋賀県の湖北地方は、中日新聞をとっている家庭が多く、湖南地方は京都新聞をとっている家庭が多いという話をどこかで聞いたことがある。湖北地方はどちらかというと愛知圏、湖南地方は京都圏で、それぞれ影響を受けているというのである。愛知圏と京都圏の両方の文化の影響を受けているのが近江なのである。

近江は、その地理的な位置から、東西を結んだ東海道や中山道、敦賀《つるが》から大津まで南北を結んだ北国海道など、主な街道が縦と横に通る「街道の国」である。そのため、西や東から多くのものや情報が行き交う場所となり、文化が栄えてきたのは想像に難《かた》くない。

ところで、昆虫についても同様に、ここ近江は東に分布の中心がある種、西に分布の中心がある種の分布境界となる地域で、同じ種類でも斑紋《はんもん》の地理的変異が生じる地域であることが分かっている。

ダイミョウセセリはセセリチョウ科に属するチョウの一種である（図21―1）。北海道から九州にかけて分布する。翅の色は黒色で、前翅に白い斑紋がある。後翅には変異があり、関東以北の個体は紋がなく関東型と呼ばれている。関西以西では、後翅の中央に線状の白紋があり、関西型と呼ばれている。この個体変異の境界が伊吹山地周辺となっている。滋賀県の旧伊吹町（現米原市）では、後翅中央に線がないが、県南部の大津市などでは、少し線が出てくる。広島県になると、後翅の紋ははっきりと出てくる。この線があるかどうかは微妙な個体もあるが、個体変異の境界が伊吹山地周辺なのである。

カミキリムシの仲間のムネアカヨコモンヒメハナカミキリは、滋賀県が分布の西限となっている（図21―2）。また、同じカミキリムシの仲間のシラユキヒメハナカミキリは、滋賀県が分布の東限となっている（図21―3）。

オサムシの仲間では、西日本に広く分布しているアキオサムシという種類がいる。オサムシでも小型の種類である。滋賀県のオサムシの分布調査で、このアキオサムシは旧朽木《くつき》村（現高島市）が分布の東限であることが分かった。さらに、同じヒメオサムシ種群に属し、近縁なヤマトオサムシとは異所的な分布を示しており、県西部の安曇《あど》川が分布の境界となっている（図21―4）。

滋賀むしの会の方に、琵琶湖の東の鈴鹿山脈と西の比良山地ではミドリシジミの種類が違うという話を聞いたことがある。琵琶湖の東と西の昆虫相の違いを調べてみるのもおもしろいだろう。

滋賀県は、東に分布の中心にある種と、西に分布の中心がある種が入り混じる地域であり、そういう要素で昆虫相が形成されているといえよう。

伊吹山

図21-1

ダイミョウセセリの翅の斑紋変異

左上：滋賀県伊吹町（現米原市、伊吹山）、右上：大津市大石龍門、左下：広島県吉和村（現廿日市市）

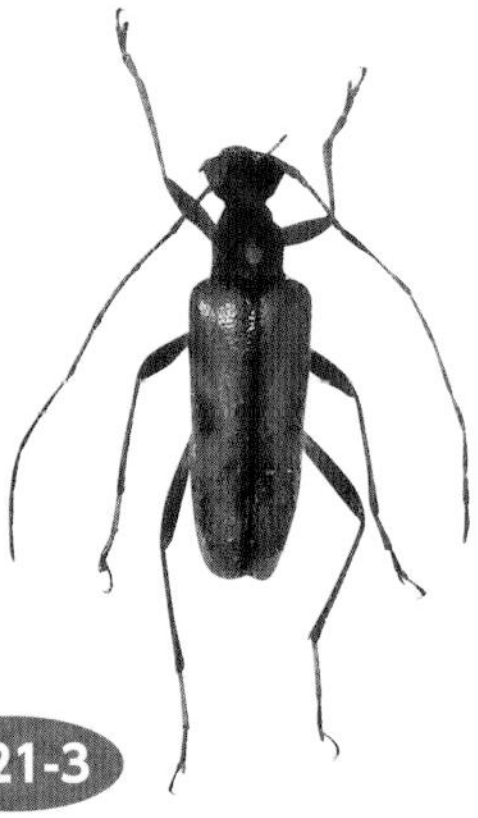

図21-3

シラユキヒメハナカミキリ

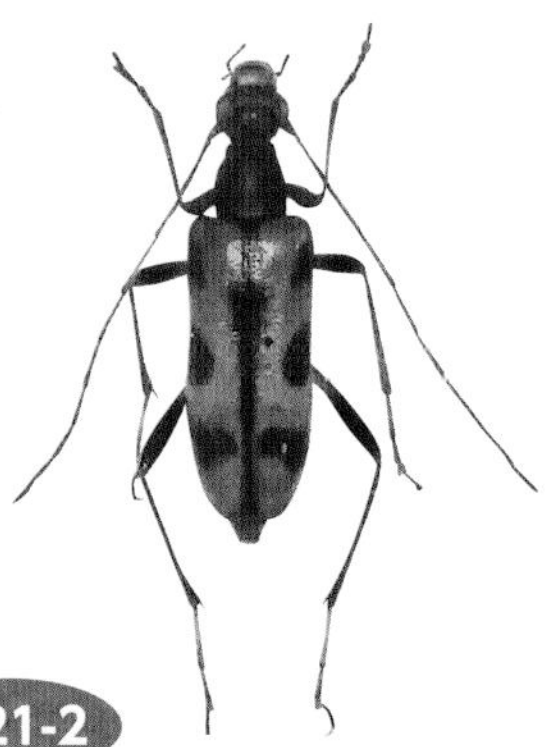

図21-2

ムネアカヨコモンヒメハナカミキリ

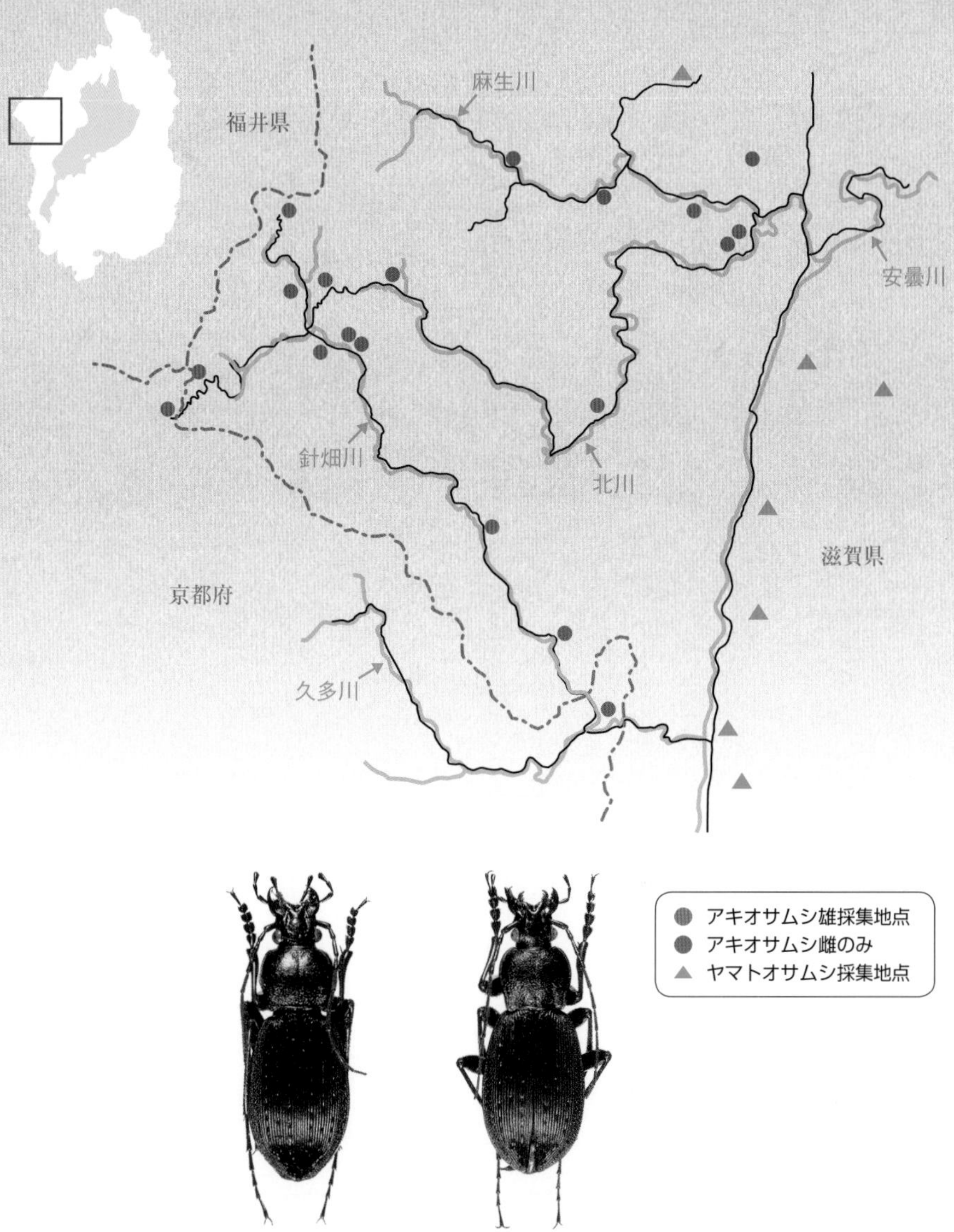

図21-4 アキオサムシとヤマトオサムシの分布

滋賀オサムシ研究会編（2003）をもとに作成

アキオサムシは滋賀県の旧朽木村が分布の東限。近縁種のヤマトオサムシとは安曇川が分布の境界となっている。写真の左がアキオサムシ、右がヤマトオサムシ。

22 近畿地方のオオセンチコガネのカラーバリエーション

２０１６年の琵琶湖博物館の第1期リニューアルでは、C展示室と水族展示室の展示更新を行った。この展示室に「生き物コレクション」という開館以来20年間蓄積した実物標本をもとに、滋賀県の生き物の多様さ、おもしろさを紹介したコーナーがある。この生き物コレクションの昆虫コーナーで、ひときわ目を引いているのがオオセンチコガネの色彩変異の展示である（図22―1）。リニューアルする前の生き物コレクションの展示では、滋賀県の地図にオオセンチコガネの色彩の異なる個体を並べて展示していた。今回はそうではなく、地図は入れずに、色彩の異なる個体を色彩のバリエーションが分かるように、ドイツ型標本箱1箱にいっぱい並べた。「きれい」と言って、写真を撮影する来館者が非常に多いところを見ると、この展示手法は成功したようである。

ところで、オオセンチコガネは、『ファーブル昆虫記』に登場する糞《ふん》ころがしと同じ仲間である。球状の糞は転がさないが、イノシシやニホンジカなどの動物の糞を食べたり、幼虫の餌にして生活している。春から晩秋まで活動する。糞を食べることから、センチは便所の古語である「雪隠《せっちん》」が由来のようである。

近畿地方には、3つの色彩の異なるオオセンチコガネが分布している（図22―2、3）。緑色の個体が見られるのは、滋賀県南部（金勝《こんぜ》山、岩間山、飯道《はんどう》山、信楽など）、京都府山科盆地南東部、鈴鹿山地である。このようなオオセンチコガネの緑色の型は「ミドリセンチコガネ」と呼ばれている。奈良県、和歌山県、三重県南部には、瑠璃色《るり》（藍緑《あいみどり》色あるいは藍色）に輝く「ルリセンチコガネ」と呼ばれる型が分布している。このほかの地域に分布するオオセンチコガネは赤色あるいは銅赤色である。私の知り合いで昆虫好きな方がいるが、この3色をすべて揃えることに熱中していた。それほどこの色彩は魅力的なのである。

湖西の大津市にあるびわ湖バレイでは、オオセンチコガネの赤色あるいは銅赤色の型がよく飛んでいるのを見かける。一方、琵琶湖をはさんで湖南の栗東《りっとう》市金勝山でもオオセンチコガネをよく見かけるが、その色彩は緑色である。つまり、琵琶湖をはさむだけで西と東では色彩が異なるのである。

3つの色彩変異の型が近畿地方に分布していることは事実だが、その理由はよく分かっていない。塚本珪一の『日本糞虫《ふんちゅう》記』（1994）でいくつかの説が紹介されている。鮮新世末期に近畿地方一帯に分布していたオオセンチコガネが第二瀬戸内海の出現によって近畿地方が南北に分断され、各集団に分かれたという説、生息環境のもろもろな要素が他地域とは違ったものがあったのだろうとする説である。本種の色彩変異は関心が高く、近年では、色彩のスペクトラム解析、色彩の物理学的メカニズムの解明のほか、ミトコンドリアDNAによる系統解析などさまざまな面からのアプローチで研究が行われている。皆さんも近畿地方のオオセンチコガネを採集して、色彩の美しさ、地理的変異の不思議さを体験してはいかがだろうか。

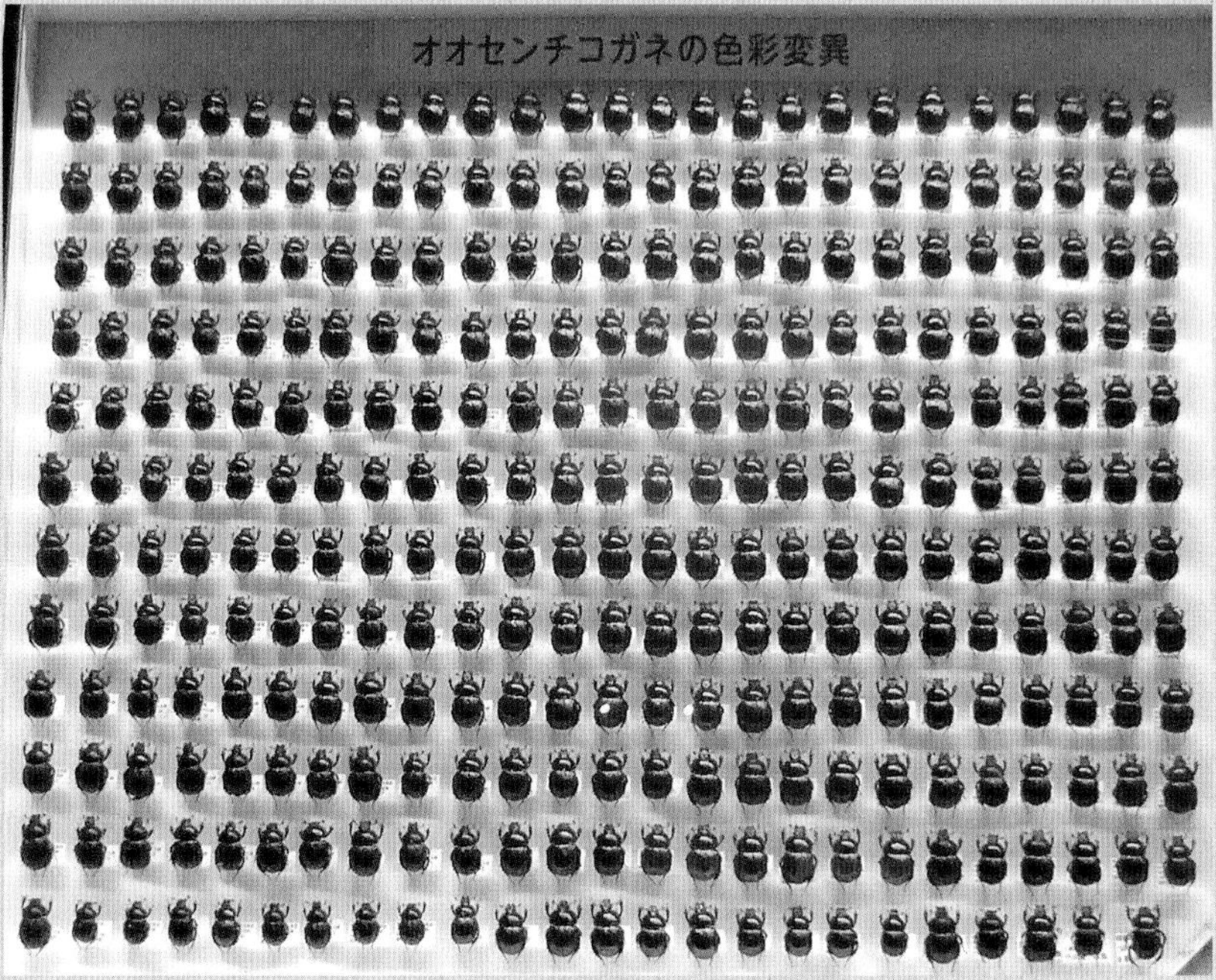

図22-1 **オオセンチコガネの色彩変異の展示**
C 展示室「生き物コレクション」に展示されている。

図22-2 **オオセンチコガネの色彩変異**
左から赤色型、緑色型、藍色型

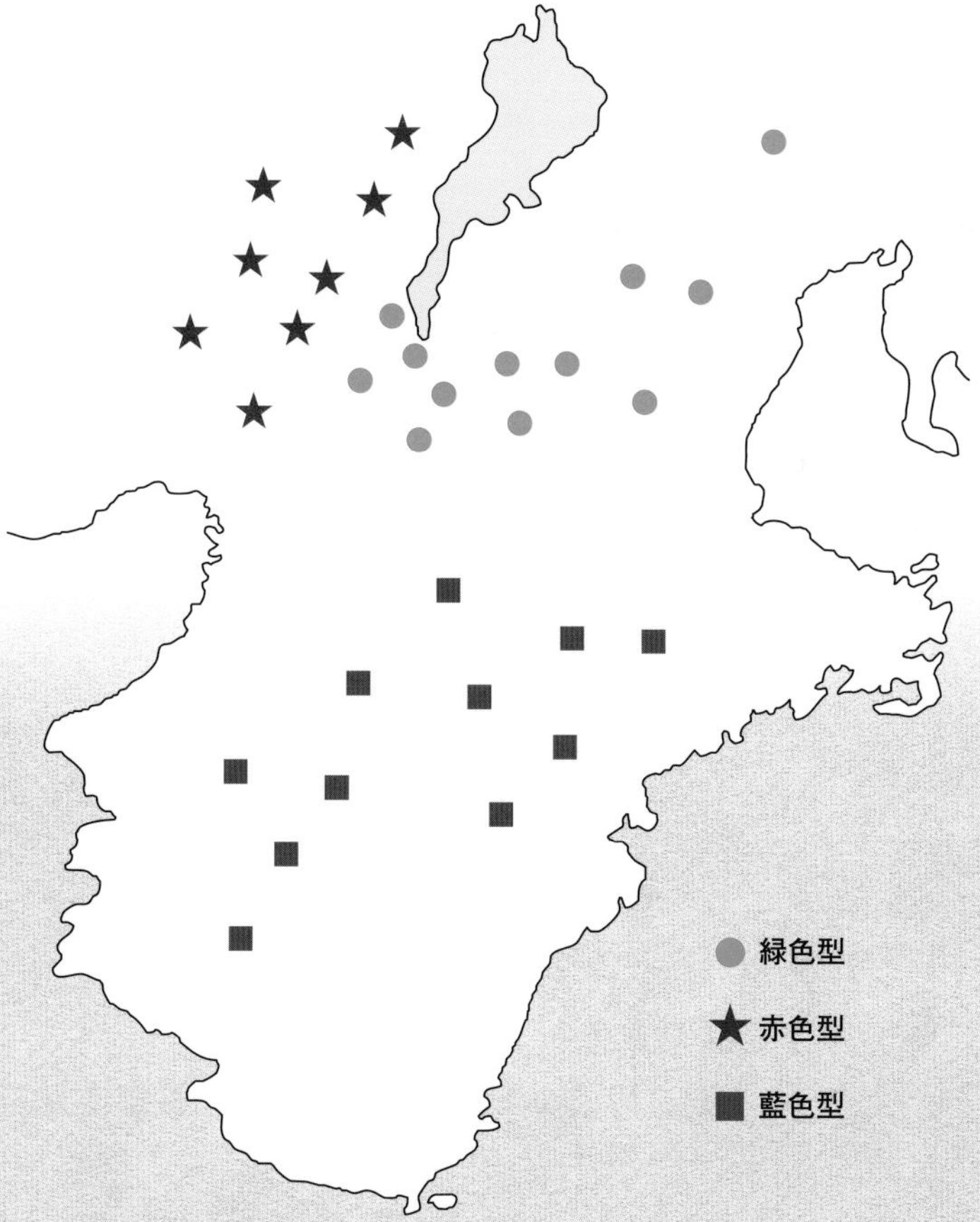

図22-3 近畿地方のオオセンチコガネの分布図

第4章 昆虫と人

23 昆虫好きの人たち① ―滋賀むしの会―

これまでの話の中で、調査や標本の寄贈など、多くの方が関わり協力していただいていることはすでにお分かりだろう。日本の昆虫の分布や生態は、地域の同好会のアマチュアの昆虫研究者によって解明されてきたと言っても過言ではない。滋賀県には、「滋賀むしの会」という昆虫の同好会がある。遠藤（2011）によると、滋賀むしの会の前身は、「志賀虫の会」で、滋賀県立彦根中学校（現在の彦根東高等学校）の昆虫研究部員であった有川典生、岩噌弘三、前川弥之祐、布藤美之らが卒業を期に1947年に設立したものであるという。会誌「観察」が発行され、滋賀県の昆虫相、特にチョウ類について多くの発表があったという。その後、会員数の減少で会の運営が立ち行かなくなり、解散したようである。

その後、二十数年の空白を経て、大津市在住のメンバーが中心となって「WWWF志賀むしの会」が発足した。この名前が県名を用いた「AWF滋賀むしの会」に変わった。

むしの会では、会誌『Came虫』を発行している（図23―1）。会員がチョウの研究者が多いこともあってか、チョウの報告が多いが、最近ではその他の昆虫の報告も

図23-1 滋賀むしの会会誌『Came虫』

by すぎの
むかし、昆虫少年だったむしの会のおじさまたち。あこがれた虫は・・・
ギンヤンマ
クマゼミ
ヒラタクワガタ
あこがれた虫は人それぞれ
「初めてあこがれの虫をとった時のことは、ウン十年たっても鮮明に覚えていて感動した」（70代Tさん）
オオムラサキ
さて、定年を迎えた元昆虫少年たち、お金はないが時間はたっぷりあり
私は平日は仕事
ピロン♪ LINE
昆虫少年にもどって、近場で採集を楽しんでいます
イベント・昆虫食のためとはいえ、みんなよくとりに行くわ！
20歳代男性8割は昆虫がさわれないらしい
ギャ～
昆虫少年絶滅の危機
60歳代以上は6割がさわれるらしく
息子が小学生の頃虫をさわった手でゴハンを作るなとおこられました
ドン
なぜこの世代は虫好きが多いのか、むしの会人に聞いてみた
「わしらの子供の頃は、虫か植物とるぐらいしか、やることなかったからなぁ」（70代えんさん）
ケータイもねぇ♪
ゲームもねぇ♪
こづかいもねぇ♪
昆虫少年だねぇ
むしの会の合宿では、いまでも小学生のように虫とりしてます
まて～
オレのだ
オレのだ
ゴメン
※虫欲にまみれて大人げない
ただし、体力続かず

図23-2 むかし昆虫少年だった大人たち（イラスト：杉野由佳）

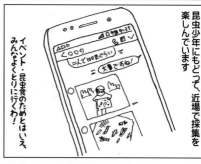

増えてきているようである。滋賀県の未記録種が掲載されることも多く、そういう意味では重要な文献となっている。滋賀県の昆虫相はこういう方々の地道な努力で解明されているということを忘れてはならない。会員数は約80名で、会長は細井正史《まさふみ》さんが務められている。毎月1回月例会が大津市で行われており、昆虫の話題で盛り上がっている。夏と冬に滋賀県内で1泊2日の合宿も行っている。

滋賀むしの会の会員の方にはお世話になりっぱなしである。とにかく、滋賀県の虫のことに詳しい。どこに、どういう昆虫がいるのか、また、これは何という種類なのかをたちどころに言い当てる。博物館で昆虫の仕事をするにあたって、これほど助けになったことはなく、むしろ教えてもらうことが多い。

どこの地域の同好会も同じ悩みを抱えているが、滋賀むしの会においても会員の高齢化が課題となっている。会の中心を担ってきた方々が、60歳、あるいは70歳代になってきており、また、若い会員が少なく、10年後はかなりの会員が減るか、活動できなくなるのではないかと古参会員は危惧している。

博物館に来館される方で、滋賀県の昆虫に関心のある方がいたら、滋賀むしの会を紹介している。もし、滋賀県の昆虫に関心があれば、この会に入り情報交換してみてはいかがだろうか。きっと有益な情報が得られるに違いない。

24 昆虫好きの人たち② ―はしかけ「虫架け」―

琵琶湖博物館では、琵琶湖博物館の理念に共感し、共に琵琶湖博物館を作っていこうという意志を持った方が自主的な活動を企画・運営することができる「はしかけ制度」を設けている。２０１７年に発足したのが、「虫架け」というグループである。昆虫が好きな人が集まって、滋賀県内の昆虫の分布調査を行うことを大きな活動内容としている。また、採集方法など講座の開催、昆虫の分類などの講座の開催、昆虫標本の作り方の教室の開催、昆虫に関する基本知識の周知、博物館によるイベントの後援を行っていこうとしている。

このグループは、滋賀むしの会の中川優さん、武田滋さんが中心になって、それに梶田一家（純司《じゅんじ》さん、聡子《としこ》さん、智嗣《ともつぐ》君）が加わるなどして昆虫好きの７人からはじまった。現在は、活動会員数は10人程度である。昆虫が好きな小学生や中学生が親子連れで参加することも多くなった。グループの活動は、始まったばかりであるが活発で、毎月現地調査あるいは勉強会を実施している。

２０１７年は、長浜市余呉《よご》町の現地調査をかわきりに、夏は、高島市朽木の現地調査および灯火《とうか》採集、冬は栗東市金勝、東近江《ひがしおうみ》市政所《まんどころ》町で冬季越冬採集、ミドリシジミ類の採卵などの調査を実施している。２０１８年は、冬に博物館周辺の樹皮下に生息する微小昆虫の調査、春は高島市マキノ町白谷《しらたに》での現地調査、夏は東近江市、高島市朽木、大津市北比良での現地調査、灯火採集を実施している（図24―１）。「虫架け通信」を発行して、情報交換をはかっている。

調査に参加した時の感想のほか、武田滋さん執筆の「昆虫豆知識」などが掲載されている。これには学名や昆虫の種数の話などがあり、興味深い内容となっている。

2018年は、はしかけグループの活動を紹介する「びわ博フェス」にも初めて参加し、来館者との交流も深めた。虫架けは、「土の中から虫を探そう！」というワークショップを行った（図24－2）。県下の複数の地で採取した土壌を振るいにかけ、落下した昆虫を採取し、顕微鏡で同定するというものであった。その後、第2期リニューアルオープンで新設された「お

図24-1 灯火採集の様子（大津市北比良）

図24-2 びわ博フェスにおけるワークショップ（生活実験工房）

図24-3 びわ博フェス（おとなのディスカバリーオープンラボ）

となのディスカバリー」のオープンラボで、ワークショップで採集した昆虫をアルコールで固定した後に、顕微鏡で観察する様子を実演した（図24－3）。参加者は合計20名、土をふるいにかけて、下に落ちたいろんな昆虫を吸虫管という道具で、熱心に吸っていた。土の中からこのように多くの昆虫が見つかるなんて思ってもいなかったようで、皆さん喜んでいたようであった。私が、最も印象に残っているのが、おとなのディスカバリーのオープンラボで、虫架け会員が採取した昆虫を説明しているのを熱心に聞いている少年の姿である。はしかけ活動の広がりで、この少年のように、昆虫に関心を持つ子どもが増えればと期待している。

虫架けのこれまでの調査から滋賀県初記録の昆虫も見つかっている。また、自分の勉強のために昆虫標本の整理を行う虫架けの方もおられ、今後の活動が期待される。

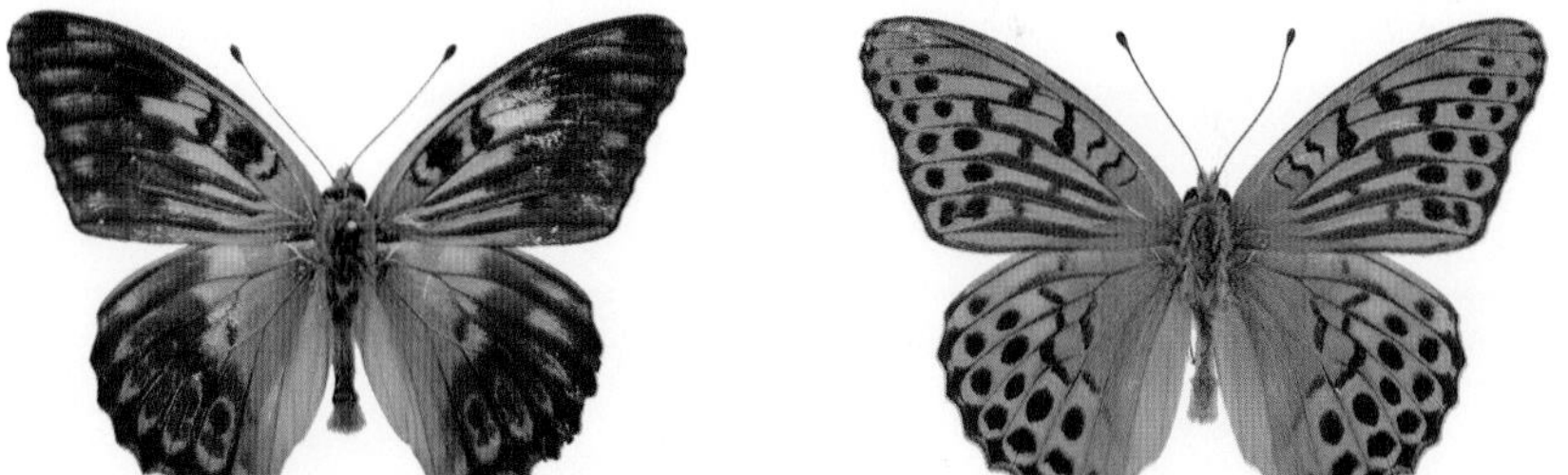

図24-4 ミドリヒョウモンの異常個体（左）（撮影：梶田智嗣）
「虫架け」の梶田智嗣君が高島市で採集した。オスでこのように黒化した個体は非常に珍しい。右は、ミドリヒョウモンの正常個体

25 酒の肴に昆虫を食べる人たち

昆虫は、タンパク質が豊富なために、世界中で食べられている。野中（2008）によれば、昆虫の種類も量も豊富な温帯地域や熱帯雨林地域であれば、バッタ、甲虫、ハチ、シロアリ、チョウやガなど実に多くの昆虫が食べ物になっている。中国では300種、メキシコでは500種の昆虫が食べられており、極北地方のような寒いところでも、海獣類の肉にわいたウジが食べられているという。もちろん日本にも昆虫を食べる文化が昔からある。

滋賀県にも、酒をおいしく飲むために虫を肴《さかな》に食べている人たちがいることを知ったのは1年前で、滋賀むしの会のメンバーがこの会の食材調達をしていたからである。20人分ぐらいの食材確保は大変で、その時の昆虫の採集や飼育の様子を教えてもらった。

この会は2回目の開催で、昨年と違う昆虫を食べたいという強い要望があり、早くから食材集めに動いた。畑を持っている人は、里芋の葉を食べるセスジスズメの幼虫を集め

図25-1 おむすび3種のバッタふりかけ～秋のトンボを添えて～

図25-2 コオロギのピザ

た。スズメガの幼虫はどれもおいしいという噂を聞いたからだ。できるだけたくさん大きな幼虫がほしくて、自宅でいっぺんに50匹以上を飼育した。幼虫は食欲旺盛で、里芋の葉を朝晩採りに回り、巨大な黒い幼虫を飼育する姿に、家族にはドン引きされたらしい。

美味として有名なのがもう1種類、「桜《さくら》毛《け》虫《むし》」と呼ばれる、モンクロシャチホコの幼虫だ。桜の葉を食べる幼虫は、上品な桜の香りがするという。局所的に発生し、見つければたくさん捕まえることができる。県内を探し回り見つけた時には、食材確保に喜んだ。

前回同様、バッタ、セミ、トンボは精力的に捕まえた。凝り性のメンバーは、捕まえたトンボの腹部が曲がらないように、1匹ずつにそうめんやパスタを芯として入れていった。他にも、アゲハチョウの幼虫、アオクサカメムシ、マメコガネ、ハチ、アリなど、食べられそうなものを各自で確保していったのである。さて、ここで問題だが捕まえた昆虫をどうやって置いておいたか。糞を出したあと、茹《ゆ》でて冷凍するのである（茹でずに冷凍もあり）。これにはメン

図25-3 セスジスズメの幼虫フライ

図25-4 大バッタのパリパリ焼き

（写真はすべて杉野由佳撮影）

バーの奥様たちが大反対で、鍋を別にして庭で茹でたり、タッパーに入れ、目につかないように冷凍するという、涙ぐましい努力があったと聞いている。

苦労して捕まえたこれらの食材は、飲み会場となる大津市膳所《ぜぜ》の居酒屋の店長が、事前に試作品を作り、酒に合う虫料理を追求し、素晴らしい一品に料理してくれた。料理のしゃれたネーミングと、インパクトのある見かけで、一品ごとに歓喜の声が沸き、その味を堪能していった。味は？　もちろん、どれもおいしかったと聞いているが、果たして……。

食材集めのメンバーで主婦の方がいるのだが、「食べられそうな虫を見つけると試しに料理して味見したくなる」と漏らしていた。春になり虫が動き出すころ、また食材集めに走り回ることだろう。美味なる昆虫を求めて。

表25-1　料理名と食材昆虫

2018年料理名	食材昆虫
焼きカメムシ	アオクサカメムシ
イナゴのバッター醤油炒め	イナゴ類
イナゴの佃煮	イナゴ類
バッタの天ぷら（４種の塩と）	トノサマバッタ他
バッターシュガー	トノサマバッタ、ショウリョウバッタ他
いろいろトンボ素揚げ	シオカラトンボ、アカトンボ類
蝉時雨《しぐれ》煮	クマゼミ、アブラゼミ他
セミチリマヨソース和《あ》え	クマゼミ、アブラゼミ他
セミ・バッタスイート	トノサマバッタ、クマゼミ他
幼虫フライ、天ぷら	セスジスズメ幼虫
炊き込みご飯、赤米入り	モンクロシャチホコ幼虫
ピザ（虫トッピング）	アゲハ幼虫、マメコガネ、ハチ、アリ他

26 近江の養蚕文化

琴糸《こといと》や三味線《しゃみせん》の糸など和楽器の弦《げん》や、着物の帯などに使われる実に美しい特殊生糸《きいと》が、カイコの吐く糸からできていることをご存知だろうか（図26―1）。

カイコは、今から4500年前ごろ、中国で桑《くわ》を食べるクワコという野生のガの幼虫を改良して作りだされたものと言われている（図26―2、3）。カイコは、人間が世話をしないと生きていけない昆虫である。カイコの繭《まゆ》から絹糸《きぬいと》をとる（図26―4、5）。その絹糸は、中国では貿易をする上で重要な品であったことから、地中海の世界へ輸出されていたという。この絹の貿易の道が有名なシルクロード（絹の道）である。カイコを飼って生糸を採る養蚕《ようさん》技術は日本に渡来し、3世紀はじめころには日本でも桑が栽培され、女王卑弥呼《ひみこ》も絹をまとっていたと考えられている。明治以降の日本の近代化は、生糸の輸出によって支えられてきたが、その後、化学繊維の普及と安い輸入生糸のため、日本の養蚕は急速に衰退する。

滋賀県の長浜市を中心とする湖北地方は古くから養蚕業が盛んであった。『長浜市史5』（2001）によれば、旧長浜市域（平成の合併前）のピークは明治末期で、1910年の統計では長浜市域の農家戸数は3557戸、うち養蚕農家は4487戸、繭産高7526石《こく》あったと記録されている。農家数より養蚕農家数が多いのは、非農家でも養蚕を行っていたためであるという。養蚕は、農家の副業として重要な収入源となっていたのである。

長浜市木之本《きのもと》町大音《おおと》にある「糸とり保存資料館」に行ったことがある。糸とりの技術の紹介や道具の展示があるほか、事前に予約すれば繭の糸とり作業の実演を見ることができる。おばあちゃんが、熱した鍋にカイコの繭を入れ、短いほうきのような道具で、繭からはずれてきた糸を集めていく。熟練の技である。「座繰《ざぐ》り機」と呼ばれる道具で繭から糸を集めて1本の生糸にして糸枠に巻きとる。このようにして生産された特殊生糸を何本も束ねて撚《よ》り上げて、琴糸や三味線糸などの和楽器の糸に仕上げていくのである。

寺本（2007）によれば、滋賀県の養蚕業の繁栄は、他県より恵まれた立地条件や糸引きに適した琵琶湖の森からの湧き水の恩恵によるものであり、それを基盤として近江の先人たちが邦楽器《ほうがっき》糸生産などの工芸芸術を見出し、さらにそれらが後代の人々に次から次へと伝承されてきた。つまりは、養蚕は、近江地域ならではの文化で、人と自然との関係の深さを読み解くことができるのである。滋賀県では2019年度から養蚕復活プロジェクトも計画されているようで、近江ならではの文化が見直されるかもしれない。

長浜市にある浅井歴史民俗資料館では、養蚕や生糸の歴史、また養蚕の道具や資料が展示されている。近江の養蚕と人との関わりを知ることができるので、一度行ってみてはいかがだろうか。

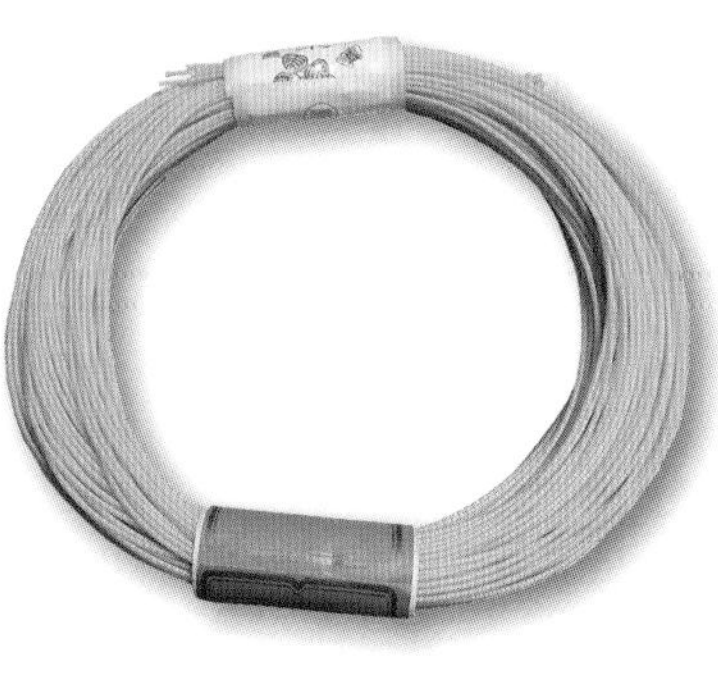

図26-1 琴糸

図26-2 カイコ幼虫（撮影：寺本憲之）

図26-3 カイコ成虫（撮影：寺本憲之）

図26-4
カイコの繭

図26-5 家蚕糸（かせ：よじり処理）

図26-6
家蚕糸（座繰り糸：小枠）

27 近江の蜂の巣とり名人

ハチは各地でよく食べられてきた代表的な食用昆虫で、北海道、本州各地、四国、九州、沖縄で広く食べられてきたという。幼虫、蛹《さなぎ》、成虫が食べられる。食べられるハチの種類としては、アシナガバチ類、クロスズメバチ、オオスズメバチである（図27―1）。

琵琶湖博物館がオープンした数年後に藤本勝行さんにオオスズメバチの幼虫を食べさせてもらった。彼はオオスズメバチの巣とりの名人で、テレビ番組にも出演するほどであった。はじめて食べたが味は非常にまろやかでおいしかった記憶がある。ハチの巣とりの方法について非常に興味があったが、私は同行させてもらっていない。当時、博物館の資料整理で働いていた杉野由佳さんが、ハチの巣とりに同行した時の話を教えてくれた。

1998年の9月ごろ、藤本さんとオオスズメバチ（ハチと略す）の巣とりに行くことになった。巣とりは助手が必要で、何をやらされるかドキドキしながら連れていかれたそうだ。湖西地方の雑木林。樹液の出ている木を回り、ハチがいないか探し、同時にカエルも捕獲。ハチの巣探しはハチに餌を巣に持ち帰らせ、再び餌を取りに来たハチを藤本さんが追っていくというものだった。餌のカエルをアスファルトにたたきつけ、皮をむいて竹の棒に刺し、樹液にいるハチに食べさせた。彼女の仕事はひたすらハチへの給仕係だった。

「餌を切らすなよ！」と言われ、カエルやバッタをやり続けていると、藤本さんがハチを追って走り出した。その姿は雑木林に消え、戻ってきたのは1時間後だった。もちろん巣の位置はしっかり確認してあった。その日、昼間にハチの巣を4つ見つけた。

ハチの巣とりは夜に行われる。彼女は車の中で待機し、藤本さんはハチ採集用の防護服を着こみ、鎌と発煙筒を持って出撃した。しばらくするとハチが藪の中から飛び出し、段ボールに入れたハチの巣を抱えた藤本さんが出てきた。そんなに時間はかかっていなかったようで、ハチが車の窓にばんばんぶつかってきたのにはさすがに恐怖したそうだ。巣にハチがついてないか気をつけながら、他の巣もまわって同じように採っていった。

その後、藤本さんの知人宅で巣から幼虫や蛹を取り出していった。ふらふらになりながら、蛹の蓋《ふた》を開け中身をほじりだした。幼虫はゆでてさっそく試食した。幼虫のお尻から糞を出し、醤油をつけて頭以外、中身を絞り出すように食べた。白子《しらこ》のような風味で、彼女以外は「うまい！」と言いながら喜んでいたそうである。杉野さんは蛹の方がおいしかったそうだ。彼女がすべての作業を終えて家に着いたのは夜中の2時のことであった。貴重な体験ではあったが、二度と行くまいと思ったそうである。なお、餌用のカエルは現地調達に時間がかかるので、途中からアメリカザリガニを大量に採っておくという方法に変わったと、採集に付き合わされた他のメンバーが言っていたそうである。

図27-1 オオスズメバチ

図27-2 **オオスズメバチの巣盤の外側**

松浦（2002）によれば、オオスズメバチの巣は５～10段余りの巣盤が、それぞれ中心部にある太い主柱と細い数十本の支柱で連結している。写真のオオスズメバチの巣は９段の巣盤からなっており、９段目である。

図27-3

オオスズメバチの巣盤の内部

六角形の育房の中に入っている終齢幼虫と蛹を指やピンセットなどでつまみ出して食べる。

数キロ先まで追いかける体力・眼力
手順④ 作業①～③を暗くなるまで繰り返す（この日は4つの巣を確認）
ハイ！
次の場所行くぞ！
ハイ！
どんどんエサやらんかい！
手順⑤ 夜、防護服を着用し懐中電灯、発煙筒、鎌を持ったら準備完了
袖口はガムテープで止める
手順⑥ ハチの巣を掘り出す 見つけた巣、全部を取って回る
車中から・ガラスにハチがバンバンあたって恐怖！
手順⑦ 帰ったら、巣から幼虫や蛹を取り出す！ひたすら取り出す！途中でハチの成虫が出ることもあり
手順⑧ ゆでて食す この時点で疲れ果てて、食欲をなくす
むりっ！
幼虫をゆでて、わさび醤油で

図27-4 オオスズメバチを採りにいく（イラスト：杉野由佳）

by すぎの

手順② エサを与える（エサのカエル採りも含む）

棒の先に皮をむいたカエルを刺す
手順③ ハチを追いかける（ハチは時速20-40km／体長約4cm）

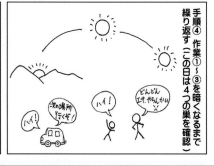

28 企業連携で希少トンボの保全

滋賀県は日本で確認されている全種数の約半数にあたる101種のトンボが記録されているトンボの宝庫である。しかし、環境の変化などでトンボの生息環境は失われつつあり、そう言えなくなってきているのも現状である。これら危ぶまれているトンボの生息環境を保全しようという取り組みが、企業連携によって行われている。

2017年から、旭化成（守山製造所）、旭化成住工（本社・滋賀工場）、オムロン（野洲事業所）、積水化学工業（多賀工場）、積水樹脂（滋賀竜王工場）、ダイハツ工業（滋賀竜王工場）、ダイフク（滋賀事業所）、ヤンマー（ヤンマーミュージアム）の8社が共同で、生物多様性 びわ湖ネットワークの連携プロジェクト「トンボ100大作戦 ～滋賀のトンボを救え～」を実施している。このプロジェクトは、滋賀県らしく水との関係が深い「トンボ」をテーマに、企業が連携して楽しみながら、自然環境の保全活動に取り組むことを目的にしている。琵琶湖博物館はこのプロジェクトに専門家の立場から手助けを行っている。

プロジェクトの活動の成果として、2016年、2017年のトンボ調査で、湖東地域に生息するトンボ79種のうち、56種のトンボを事業所および周辺地域で確認している。その後、滋賀県全域で調査を行い、確認種数は75種にまで増えているという。また、マイコアカネなど、滋賀県のレッドデータブックで希少種に選定されているトンボが、企業の敷地内に生息していることが分かった。この調査結果に基づいて、現在トンボの保全活動を実施している。実施した保全活動をカテゴリー別に整理し、ノウハウの共有を図っている。このような活動を広く知ってもらうために、滋賀県で活動する団体が企画したセミナーや、びわコミ会議などでの活動発表、琵琶湖博物館でのパネル展示を通じて発信を行っている（図28－3、4）。取り組みが評価されて、平成29年度の「しが生物多様性大賞」を受賞した。

ダイフクはオグマサナエ（図28－5）、旭化成とオムロンは協働ではマイコアカネ（図28－6）、積水樹脂はハッチョウトンボ（図28－7）というように、各企業の〝推しトンボ〟があり、そのトンボと生息環境の保全に力を注いでいることもこの活動の特徴となっている。

トンボ１００大作戦は、企業の事業所およびその周辺の自然環境を保全し、エコロジカルネットワークを復元することで、広域的かつ本質的な生物多様性保全に貢献することを目指している。まさにトンボが行き来できる複数の生息地群であるエコロジカルネットワークを創出する活動でもある。これらの取り組みの継続およびそのネットワークの拡大によって、琵琶湖とそのまわりの生物多様性の保全に寄与することができる。

滋賀県は、１０１種のトンボが記録されておりトンボの宝庫であるが、環境の変化や生息環境の消失などでトンボの生息環境は失われつつある。企業連携によるトンボの保全に関する取り組みが、琵琶湖とそのまわり全体に広がり、広く注目されることによって、この地域のトンボの生息環境が保全されることを願ってやまない。

図28-1 琵琶湖岸でのトンボ調査
（撮影：生物多様性　びわ湖ネットワーク）

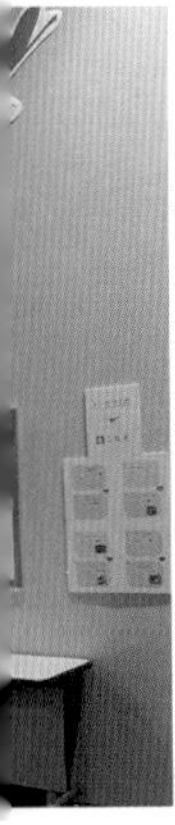

図28-3 琵琶湖博物館でのギャラリー展示
「トンボ100大作戦〜滋賀のトンボを救え〜」の様子

図28-2 事業所内でのトンボ観察会
（撮影：生物多様性　びわ湖ネットワーク）

図28-4 ギャラリー展示
「トンボ100大作戦～滋賀のトンボを救え～」の様子

図28-5 オグマサナエ

図28-6 マイコアカネ

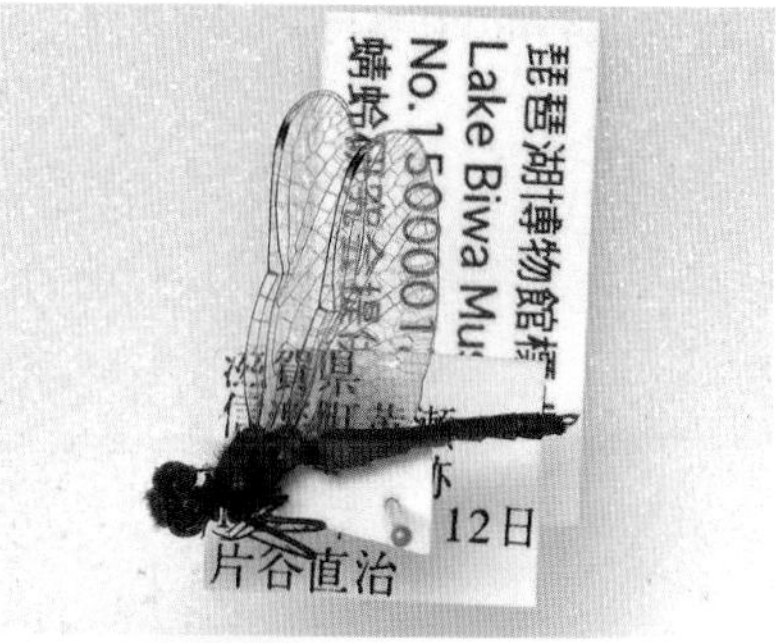

図28-7 ハッチョウトンボ

あとがき・謝辞

琵琶湖とそのまわりの昆虫に関する話題を中心に執筆したが、この本で伝えたいことは、琵琶湖とそのまわりには多様な昆虫が生息し、その分布や生態がおもしろいこと、そしてそれは琵琶湖があることと深く関係していることである。また、琵琶湖とそのまわりの昆虫に関心を持っている多くの方々がいて、そのような人たちがこの地域の昆虫研究の進展を支えていることを伝えたいと思った。さらに、私自身の地域の人たちとの共同研究やその成果の企画展示、資料の整備活動などを紹介することで、博物館はどのような活動をするところで、学芸員は博物館活動の中でどういった活動をしているのかを伝えようと思った。

ここで書いたことは、琵琶湖とそのまわりの昆虫で明らかになっていることのごく一部を紹介したに過ぎない。まだ明らかになっていない課題も多いこともこの本の中で書いたが、この本を読むことで、琵琶湖とそのまわりの昆虫に関心をもっていただくだけでなく、この地域の昆虫について今後明らかにしようという人が出てきて、次の行動に結びつけていただければ幸いである。

２０１９年3月をもって琵琶湖博物館を退かれた篠原徹元館長には、ブックレットを書く機会を与えていただくとともに、昆虫食など昆虫に関する本をご恵与いただき、本書を書く上で参考とさせていただいた。また、日ごろより気にかけていただき深謝申し上げる。

本書を作成するにあたり、多くの方にご協力をいただいた。原稿全体を読んで懇切丁寧なコメントをいただいた宮武頼夫さん、中川優さん、杉野由佳さん、高橋啓一さんには深謝申し上げる。また、関係している研究の部分の原稿を読んで意見をいただいた河瀬直幹《なおき》さん、内田明彦さん、中西康介さん、牛島釈広さん、長太伸章さん、曽田貞滋さん、林成多さん、寺本憲之さん、山本雅則さん、初宿成彦さん、武田滋さん、亀田佳代子さん、大槻達郎さん、関根一希《かずき》さんに深謝する。藤本勝行さんには、博物館に就職して以来、滋賀県の昆虫に関して多くの情報をいただくとともに激励をいただいた。杉野由佳さんからは、昆虫食、ハチの巣とりの興味深い話を聞かせていただいた。新井裕さんには、アキアカネの性比についてのコメントを掲載することに了解していただいた。

　イラストの使用を快く許可していただいた杉野由佳さん、谷川真紀さん、写真を提供いただいた澤田弘行さん、中邨《なかむら》徹さん、寺本憲之さん、高石清治さん、桝永一宏さん、亀田佳代子さん、杉山國雄さん、河瀬直幹さん、新保建志さん、関根一希さん、林成多さん、梶田智嗣さん、生物多様性びわ湖ネットワーク、図や表の利用を許可していただいたむし社、本山　圓満院門跡、長太伸章さん、椛島昭宏さん、村木明雄さん、滋賀県琵琶湖環境部自然環境保全課、乃村工藝社に感謝申し上げる。また、日ごろよりお世話になっている滋賀むしの会の会員、トンボ研究会の会員、はしかけ「虫架け」会員、滋賀県生きもの総合調査昆虫類部会の委員など、昆虫に関して私と関わっているすべての方々に心よりお礼申し上げる。最後に、読みやすいレイアウトに仕上げていただいたサンライズ出版の岩根順子さん、オプティムグラフィックスさんにお礼申し上げる。

塚本珪一（1994）日本糞虫記：フン虫からみた列島の自然. 青土社. 231P.
山本雅則（2016）カワラハンミョウ. 滋賀県生きもの総合調査委員会編. 滋賀県で大切にすべき野生生物―滋賀県レッドデータブック 2015年版―. サンライズ出版. 415.
Yamamoto, M. (2003) Record of *Chaetodera laetescripta* (Coleoptera: Cicindelidae) from the east coast in the north basin of the Lake Biwa in Shiga Prefecture, Central Japan. Entmological Review of Japan. 58(1). 13-14.
吉田雅澄・八木孝彦・村木明雄（1998）滋賀県のトンボ. 蜻蛉研究会編. 琵琶湖博物館研究調査報告第10号. 滋賀県立琵琶湖博物館. 283P.

■第４章

遠藤真樹（2011）滋賀県のチョウ類に関する研究史. 滋賀県のチョウ類の分布. 琵琶湖博物館研究調査報告第27号. 17-18.
松浦誠（2002）スズメバチを食べる―昆虫食文化を訪ねて. 北海道大学図書刊行会. 322P.
中郡徹（2018）虫料理と日本酒会. Came 虫. 192. 10-11.
野中健一（2008）昆虫食先進国ニッポン. 亜紀書房. 294P.
杉繁郎・山本光人・中臣謙太郎・佐藤力夫・中島秀雄・大和田守（1987）日本産蛾類生態図鑑. 杉繁郎編. 講談社. 453P.
武田滋（2017）ミドリヒョウモンの変異個体の記録. Came 虫. 191. 17.
寺本憲之（2007）滋賀県湖北地域の蚕糸業.「昆虫記」刊行100年記念日仏共同企画「ファーブルにまなぶ」展示解説書. 日仏共同企画「ファーブルにまなぶ」展実行委員会. 120-121.
梅谷献二（2007）家畜化された昆虫たち.「昆虫記」刊行100年記念日仏共同企画「ファーブルにまなぶ」展示解説書. 日仏共同企画「ファーブルにまなぶ」展実行委員会. 116-117.
吉田一郎・中川真澄（2001）養蚕と製糸. 長浜市史第５巻暮らしと生業. 長浜市史編さん委員会編. 285-300.

森津孫四郎（1983）日本原色アブラムシ図鑑. 全国農村教育協会. 545P.
辻桃子・安部元気（2016）増補版いちばんわかりやすい俳句歳時記. 主婦の友社. 528P.
ロビン. J. スミス編（2017）琵琶湖博物館第25回企画展示「小さな淡水生物の素敵な旅」展示解説書. 滋賀県立琵琶湖博物館. 66-67.
新保友之（1971）琵琶湖国定公園学術調査報告書. 琵琶湖国定公園学術調査団. 438P.

■第3章

Akamine, M. Maekawa, K. and Kon, M. (2011) Phylogeography of Japanese population of *Phelotrupes auratus* (Coleoptera, Geotrupidae) inferred from mitochondrial DNA sequences. Zoological Science. 28. 652-658.
Akamine, M. Ishikawa, K. Maekawa, K. and Kon, M. (2011) The physical mechanism of cuticular color *Phelotrupes auratus* (Coleoptera, Geotrupidae). Entomological Science. 14. 291-296.
Akamine, M. Maekawa, K. and Kon, M. (2008) Geographic color variation of *Phelotrupes auratus* (Coleoptera, Geotrupidae) in the Kinki region, central Japan: A quantitative spectrophotometric analysis. Entomological Science. 11. 401-407.
井上清・谷幸三（2010）赤トンボのすべて. トンボ出版. 183P.
椛島昭紘（2018）2018年夏、アキアカネのマーキング調査 in びわ湖バレイ（報告）. 琵琶湖博物館フィールドレポーター掲示板. 2018年度第２号通巻92号. 2-3.
河合省三（1996）カタカイガラモドキ科. 日本動物大百科第８巻昆虫Ⅰ. 平凡社. 156.
宮武睦夫（1977）チャイロテントウ属の日本からの２新種（テントウムシ科）. 四国昆虫学会会報. 13. 111-113.
宮武頼夫（1994）ヨシ原の昆虫. 第21回特別展「琵琶湖—おいたちと生物—」展示解説書. 大阪市立自然史博物館. 26-27.
宮武頼夫・福田晴夫・金沢至（2003）旅をする蝶アサギマダラ. むし社. 241P.
滋賀オサムシ研究会編（2003）滋賀県のオサムシの分布. 琵琶湖博物館研究調査報告第20号. 滋賀県立琵琶湖博物館. 192P.
初宿成彦（1997）琵琶湖岸の砂浜環境における甲虫相—海浜性甲虫の分布—. 自然史研究２（13）. 181-194.

切にすべき野生生物―滋賀県レッドデータブック 2015年版―. サンライズ出版. 437.
三枝豊平（1985）ミノムシ（カラー自然シリーズ）. 偕成社. 35P.
里口保文（2017）滋賀県犬上郡多賀町四手発掘地の層序および堆積環境. 多賀町古代ゾウ発掘プロジェクト報告書. 多賀町教育委員会. 19-26.
滋賀県チョウ類分布研究会編（2011）滋賀県のチョウ類の分布. 琵琶湖博物館研究調査報告第27号. 滋賀県立琵琶湖博物館. 194P.
杉野由佳（2007）「ミノムシ調査」結果報告. フィールドレポーターだより 2007年度第２号（通巻28号）. 2-7.
杉野由佳（2011）ミノムシ調査集計結果報告. フィールドレポーターだより 2011年度第２号（通巻 38 号）. 2-10.
梅谷献二（1985）ミノムシ哀歌 . 虫の話しⅡ . 梅谷献二編著. 技報堂出版. 8-15.
八尋克郎（2011）変わりゆく滋賀県のチョウの分布. 湖国と文化. 136. 82-85.
八尋克郎・林成多（2014）滋賀県犬上郡多賀町の古琵琶湖層群から産出したネクイハムシ属の化石. さやばねニューシリーズ. 13. 35-39.
八尋克郎・林成多（2017）滋賀県犬上郡四手から産出した昆虫化石. 多賀町古代ゾウ発掘プロジェクト報告書. 多賀町教育委員会. 51-58.
八尋克郎・林成多・北林栄一（2001）大分県安心院盆地の鮮新統津房川層から産出した昆虫化石. 安心院動物化石群. 琵琶湖博館研究調査報告第 18 号. 47-52.
Yahiro, K. and Hayashi, M. (2015) Fossil insects from the Pleistocene Kobiwako Group at Taga Town, Shiga Prefecture, Japan. Elytra. Tokyo. New Series. 5 (2). 531-538.
Yahiro, K. Sugiyama, K. and Hayashi, M. (2018) Late Pliocene of Fossil *Calosoma* (Coleoptera, Carabidae) from the Koka Formation, Kobiwako Group in Shiga Prefecture, Japan. Elytra, Tokyo. New Series. 8(1). 1-7.
吉田雅澄・八木孝彦・村木明雄（1998）滋賀県のトンボ . 蜻蛉研究会編. 琵琶湖博物館研究調査報告第10号. 滋賀県立琵琶湖博物館. 283P.
結城賽誠（1937）昆虫教材の郷土的研究（其三）. 近江博物同好会誌. 第３号. 134-135.

■コラム

井上栄壮（1998）ユスリカ. 琵琶湖ハンドブック三訂版. 滋賀県. 192.
井上靖（1965）しろばんば. 新潮文庫. 583P.

林成多・八尋克郎・北林栄一（2004）大分県大山町の大山層から産出した昆虫化石. 瑞浪市化石博物館研究報告. 31. 69-72.
林成多・八尋克郎・北林栄一（2009）大分県九重町の野上層から産出した中期更新世の昆虫化石. 瑞浪市化石博物館研究報告. 35. 105-110.
Hayashi, M. and Shiyake, S.（2002）Late Pliocene Donaciinae (Coleoptera, Chrysomelidae) from the Koka Formation, Kobiwako Group in Shiga Prefecture, Japan. Elytra. Tokyo. 30(1). 207-213.
石井実（2006）南方系のチョウ類の分布拡大とその要因. 生活と環境. 51. 29-35.
石井実（2008）近年分布拡大の著しい昆虫. 昆虫と自然. 43. 2.
椛島昭紘（2016）ミノムシ調査（2016年度）結果報告. フィールドレポーターだより2016年度第２号（通巻48号）. 2-13.
河瀬直幹・牛島釈広・八尋克郎（2018）滋賀県のトンボ（2010年代）. 琵琶湖博物館研究調査報告第30号. 滋賀県立琵琶湖博物館. 181P.
河瀬直幹・澤田弘行・吉田雅澄・八尋克郎（2014）滋賀トンボ調査グループの活動と現在までの成果. Aeschna. 50. 27-31.
六浦晃・山本義丸・服部伊楚子・黒子浩・児玉行・保田淑郎・森内茂・斉藤寿久（1969）原色日本蛾類幼虫図鑑（下）. 一色周知監修. 保育社. 237P.
村上大介（2016）ゲンゴロウ. 滋賀県生きもの総合調査委員会編. 滋賀県で大切にすべき野生生物―滋賀県レッドデータブック 2015年版―. サンライズ出版. 519.
中西康介（2016）コオナガミズスマシ. 滋賀県生きもの総合調査委員会（編）. 滋賀県で大切にすべき野生生物―滋賀県レッドデータブック 2015 年版―. サンライズ出版. 436.
中西康介（2016）ミズスマシ. 滋賀県生きもの総合調査委員会編. 滋賀県で大切にすべき野生生物―滋賀県レッドデータブック2015年版―. サンライズ出版. 436.
中西康介（2016）コミズスマシ. 滋賀県生きもの総合調査委員会編. 滋賀県で大切にすべき野生生物―滋賀県レッドデータブック2015年版―. サンライズ出版. 436.
中西康介（2016）ヒメミズスマシ. 滋賀県生きもの総合調査委員会編. 滋賀県で大切にすべき野生生物―滋賀県レッドデータブック2015年版―. サンライズ出版. 437.
中西康介（2016）オオミズスマシ. 滋賀県生きもの総合調査委員会編. 滋賀県で大

ウイリアム・アゴスタ（長野敬他訳）（1997）ヘッピリムシの屁動植物の化学戦略. 青土社. 305P.

山本優（2016）ビワヒゲユスリカ. 滋賀県生きもの総合調査委員会編. 滋賀県で大切にすべき野生生物―滋賀県レッドデータブック 2015年版―. サンライズ出版. 513.

八尋克郎（2001）滋賀県におけるアメイロトンボの記録. Came 虫. 110. 14.

八尋克郎（2004）ミイデラゴミムシの語源. 地表性甲虫談話会会報. 1. 2-6.

八尋克郎（2005）地域の人と共同で滋賀県のオサムシの分布を調べる. 滋賀県立琵琶湖博物館第13回企画展示「歩く宝石オサムシ―飛ばない昆虫のふしぎ発見―」展示解説書. 滋賀県立琵琶湖博物館. 98-101.

八尋克郎・武田滋・藤本勝行・遠藤眞樹・柴栄康雄・中川優・杉野由佳（2001）滋賀県におけるオサムシ族（甲虫目、オサムシ科）の地理的分布. 生物地理学会報. 56. 1-14.

八尋克郎・亀田佳代子・那須義次・村濱史郎（2013）カワウの巣の昆虫相. 昆蟲（ニューシリーズ）. 16（1）. 16-24.

Yahiro, K., Fujimoto, K., Takeda, S., Shibae, Y., Endo, M., Nakagawa, M. and Sugino, Y. (2002) Geographical distribution of caranbine ground beetles (Coleoptera: Carabidae: Carabinae: Carabini) in Shiga Prefecture, Central Japan. J. Szyszko et al. (Eds), How to protect or what we know about carabid beetles. Warsaw Agricultural University Press. 25-35.

横山桐郎（1932）日本昆虫図鑑. 北隆館. 824.

吉田雅澄・八木孝彦・村木明雄（1998）滋賀県のトンボ. 蜻蛉研究会編. 琵琶湖博物館研究調査報告第10号. 滋賀県立琵琶湖博物館. 283P.

■第２章

林成多・八尋克郎・北林栄一（2001）熊本県益城町の津森層から産出した昆虫化石. 瑞浪市化石博物館研究報告. 28. 239-243.

林成多・八尋克郎・北林栄一（2002）鹿児島県吉松町の溝園層から産出した昆虫化石. 瑞浪市化石博物館研究報告. 29. 161-168.

林成多・八尋克郎・北村直司・北林栄一（2004）熊本県益城町の津森層から産出した昆虫化石（第２報）. 瑞浪市化石博物館研究報告. 31. 63-67.

Sekiné, K. Hayashi, F. and Tojo, K. (2013) Phylogeography of the East Asian polymitarcyid mayfly genus *Ephoron* (Ephemeroptera: Polymitarcyidae): a comparative analysis of molecular and ecological characteristics. Biol. J. Linn. Soc. 109. 181-202.

滋賀県琵琶湖環境部自然環境保全課（2018）滋賀県昆虫目録. URL http://www.pref.shiga.lg.jp/d/shizenkankyo/shigakoncyuu/h30_shigakonncyuu.html

滋賀県生きもの総合調査委員会編（2016）滋賀県で大切にすべき野生生物—滋賀県レッドデータブック2015年版—. サンライズ出版. 368P.

滋賀オサムシ研究会編（2003）滋賀県のオサムシの分布. 琵琶湖博物館研究調査報告第20号. 滋賀県立琵琶湖博物館. 192P.

新保友之（1991）滋賀県の昆虫相（Ⅱ）. 滋賀県自然誌編集委員会編「滋賀県自然誌」. 滋賀県自然保護財団. 1791-1845.

新保友之・保積隆夫（1979）滋賀県の昆虫相. 滋賀自然環境研究会編「滋賀の自然」. 滋賀県自然保護財団. 801-889.

曽田貞滋（2008）オサムシの系統進化とDNA. 川那部浩哉（監）・八尋克郎（編）：オサムシ—飛ぶことを忘れた虫の魅惑—. 八坂書房. 62-73.

Sota, T. and Nagata, N. (2008) Diversification in a fluctuating island setting: rapid radiation of *Ohomopterus* ground beetles in the Japanese Islands. Phil. Trans. R. Soc. B, 363. 3377-3390.

寺島良安（島田勇雄・竹島淳夫・樋口元巳訳注）（1987）和漢三才図会７［全18巻］（東洋文庫 471）. 平凡社. 362.

高見泰興・石川良輔（2005）オサムシを分ける錠と鍵. 滋賀県立琵琶湖博物館第13回企画展示「歩く宝石オサムシ—飛ばない昆虫のふしぎ発見—」展示解説書. 滋賀県立琵琶湖博物館. 72-75.

Tojo, K., Sekine, K., Takenaka, M., Isaka, Y., Komaki, S., Suzuki, T., Schovile, S. D. (2017) Species diversity of insects in Japan: Their origins and diversification processes. Entomological Science. 20. 357-381.

東京都本土部昆虫目録作成プロジェクト（2016）東京昆虫目録. http://tkm.na.coocan.jp/

上西実（2016）ビワコエグリトビケラ. 滋賀県生きもの総合調査委員会編. 滋賀県で大切にすべき野生生物—滋賀県レッドデータブック2015年版—. サンライズ出版. 513.

pref.kyoto.jp/kankyo/mokuroku/bio/insect.html
Matsumura, S. (1915) Üebersicht der Wasser-Hemipteren von Japan und Formosa. The Entomological Magazine. 1. 103-119.
宮武頼夫（2011）カワムラナベブタムシ. 滋賀県生きもの総合調査委員会編. 滋賀県で大切にすべき野生生物―滋賀県レッドデータブック2010年版―. サンライズ出版. 383.
長太伸章・曽田貞滋・久保田耕平・八尋克郎（2005）ミトコンドリアDNAで見た近畿地方のオオオサムシ亜属３種の系統関係. 滋賀県立琵琶湖博物館第13回企画展示「歩く宝石オサムシ―飛ばない昆虫のふしぎ発見―」展示解説書. 滋賀県立琵琶湖博物館. 64-67.
長太伸章・曽田貞滋・久保田耕平・八尋克郎（2008）ミトコンドリアDNAから見たオオオサムシ亜属の系統関係―近畿地方の三種を中心に―. 川那部浩哉監修・八尋克郎編：オサムシ―飛ぶことを忘れた虫の魅惑―. 八坂書房, 96-105.
中西康介・村上大介（2017）膳所高等学校寄贈標本中の水生昆虫. Came 虫. 189. 18-19.
奈良県（2017）奈良県野生生物目録. 奈良県くらし創造部景観・環境局景観・自然環境課. 421P.
那須義次・村濱史郎・大門聖・八尋克郎・亀田佳代子（2013）琵琶湖竹生島のカワウの巣の鱗翅類. 蝶と蛾. 63(4). 217-220.
日本昆虫目録編集委員会編（2013）日本昆虫目録第７巻第１号鱗翅目（セセリチョウ上科―アゲハチョウ上科）. 櫂歌書房. 119P.
Nishimoto, H.（1994）A new species of *Apatania* (Trichoptera, Limnephilidae) from Lake Biwa, with notes on its morphological variation within the Lake. Japanese Journal of Entomology. 62(4). 775-785.
大倉正文（1985）クビボソゴミムシ科. 原色日本甲虫図鑑（II）. 保育社. 179-180.
小野蘭山（1803～1806）初版　本草綱目啓蒙. 48巻27冊. 小野職孝編.
小野蘭山（1991）本草綱目啓蒙 3［全４巻］（東洋文庫540）. 平凡社. 161.
大阪府（2000）大阪府野生生物目録. 大阪府環境農林水産部緑の環境整備室. 351P.
Saito, M. and Young, D. K.（2015）Descriptions of a new species *Ariotus* (Coleoptera, Aderidae) and a new genus and species of Aderidae from Honshu, Central Japan, with a key to the genera of Japanese Aderidae. Elytra.Tokyo. New Series. 5(2). 453-462.

【参考文献等】

■はじめに

梅谷献二編著（1985）虫のはなしⅠ. 技報堂出版. 221P.
梅谷献二編著（1985）虫のはなしⅡ. 技報堂出版. 235P.
梅谷献二編著（1985）虫のはなしⅢ. 技報堂出版. 237P.

■第１章

馬場金太郎・平嶋義宏編（2000）新版昆虫採集学 . 九州大学出版会 . 812P.
遠藤真樹（2013）スナアカネ（表紙）. Came 虫. 175. 1.
平嶋義宏（1994）生物学名命名法辞典 . 平凡社. 493P.
平嶋義宏・森本桂・多田内修（1989）昆虫分類学. 川島書店. 597P.
石川統・黒岩常祥・塩見正衛・松本忠夫・守隆夫・八杉貞雄・山本正幸編（2010）生物学辞典. 東京化学同人. 1615P.
石川均（2015）滋賀県からのクチキウマの新種. Tettigonia. 10. 18-19.
Ishiwata, S. (1996) A study of the genus *Ephoron* from Japan (Ephemeroptera, Polymitarcyidae). Canadian Entomologist. 128. 551-572.
亀田佳代子・保原達・大園享司・木庭啓介・石田朗・八尋克郎（2006）カワウによる水域から陸域への物質輸送と環境改変の影響. 国際湿地再生シンポジウム2006 ―湿地の保全再生と賢明な利活用―報告書. 358-365.
神奈川県昆虫談話会（2004）神奈川県昆虫誌Ⅰ，Ⅱ，Ⅲ，索引. 神奈川昆虫談話会. 1468P.
環境省編(2015)レッドデータブック 2014 ―日本の絶滅のおそれのある野生生物―５昆虫類. ぎょうせい. 509P.
川合禎次・谷田一三編（2005）日本産水生昆虫科・属・種への検索. 東海大学出版会. 1342P.
河瀬直幹（2016）ビワコシロカゲロウ. 滋賀県生きもの総合調査委員会編. 滋賀県で大切にすべき野生生物―滋賀県レッドデータブック2015年版― . サンライズ出版. 497.
河瀬直幹・幅野陽介（2018）滋賀県でリュウキュウベニイトトンボを記録. Tombo. 60. 122-123.
京都府（2015）京都府自然環境目録. 京都府環境部自然環境保全課. http://www.

【著者略歴】

八尋克郎（やひろ・かつろう）

1963年生まれ。専門は昆虫分類学。オサムシ科を中心に琵琶湖とそのまわりの昆虫の分布やその変遷を地域の人たちと一緒に調べている。主な著書として『日本動物大百科昆虫Ⅲ（平凡社）』（分担執筆）、『オサムシ―飛ぶことを忘れた虫の魅惑―（八坂書房）』（分担執筆）、『生命の湖　琵琶湖をさぐる（文一総合出版）』（分担執筆）、『博物館でまなぶ―利用と保存の資料論（東海大学出版会）』（分担執筆）などがある。

琵琶湖博物館ブックレット⑩

琵琶湖のまわりの昆虫
―地域の人びとと探る―

2020年１月15日　第１版第１刷発行

著　者　八尋克郎

企　画　滋賀県立琵琶湖博物館
〒525-0001 滋賀県草津市下物町1091
TEL 077-568-4811　FAX 077-568-4850

デザイン　オプティムグラフィックス

発　行　サンライズ出版
〒522-0004 滋賀県彦根市鳥居本町655-1
TEL 0749-22-0627　FAX 0749-23-7720

印　刷　シナノパブリッシングプレス

ISBN978-4-88325-673-0 C0345
定価はカバーに表示してあります

琵琶湖博物館ブックレットの発刊にあたって

琵琶湖のほとりに「湖と人間」をテーマに研究する博物館が設立されてから2016年はちょうど20年という節目になります。琵琶湖博物館は、琵琶湖とその集水域である淀川流域の自然、歴史、暮らしについて理解を深め、地域の人びととともに湖と人間のあるべき共存関係の姿を追求してきました。そして琵琶湖博物館は設立の当初から住民参加を実践活動の理念としてさまざまな活動を行ってきました。この実践活動のなかに新たに「琵琶湖博物館ブックレット」発行を加えたいと思います。

20世紀後半から博物館の社会的地位と役割はそれ以前と大きく転換しました。それは新たな「知の拠点」としての博物館への転換であり、博物館は知の情報発信の重要な公共的な場であることが社会的に要請されるようになったからです。「知の拠点」としての博物館は、常に新たな研究が蓄積され、新たな発見があるわけですから、そうしたものを「琵琶湖博物館ブックレット」シリーズというかたちで社会に還元したいと考えます。琵琶湖博物館員はもとよりさまざまな形で琵琶湖博物館に関わっていただいた人びとに執筆をお願いして、市民が関心をもつであろうさまざまな分野やテーマを取りあげていきます。高度な内容のものを平明に、そしてより楽しく読めるブックレットを目指していきたいと思います。このシリーズが県民の愛読書のひとつになることを願います。

ブックレットの発行を契機として県民と琵琶湖博物館のよりよいさらに発展した交流が生まれることを期待したいと思います。

二〇一六年　七月

滋賀県立琵琶湖博物館